U0051557

孩子們的
航空航太百科全書

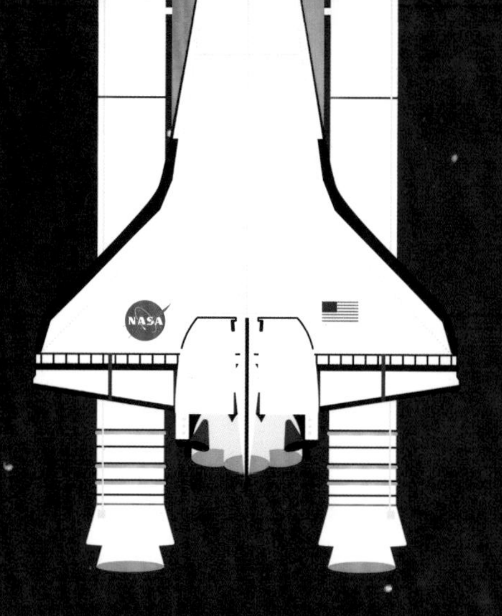

孩子們的
航空航太
百科全書

文／安潔莉克・梵・安柏根、史丹・艾森
圖／卡婷卡·范德桑德
譯／賴姵瑜

獻給Moeke；獻給Meme；獻給叔叔；獻給Femke & R.——安潔莉克

獻給Senne、Lore、Janne*、Rube和Pepijn；獻給Nele；獻給媽媽、Louke和Kobe——史丹

獻給Emma、Johan和Brigitte——卡婷卡

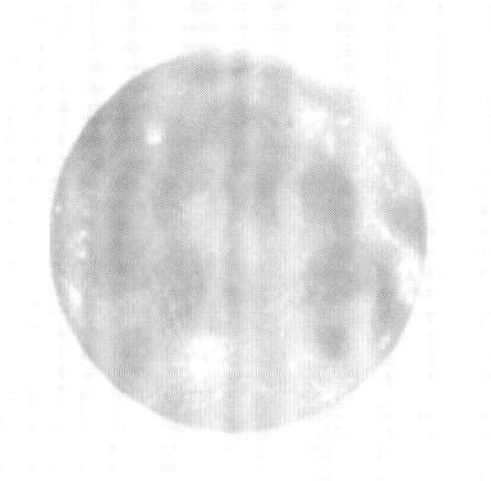

目次

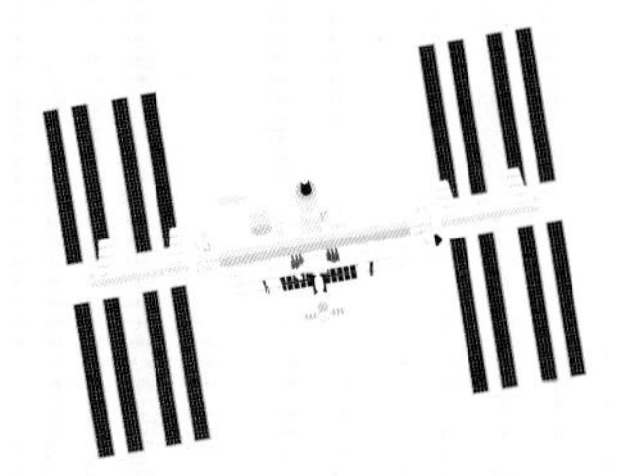

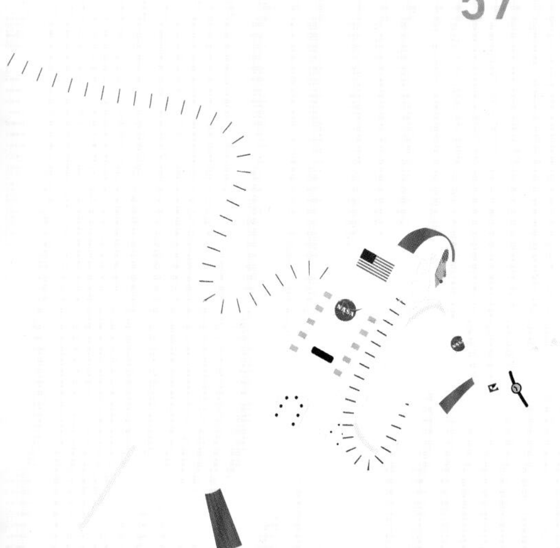

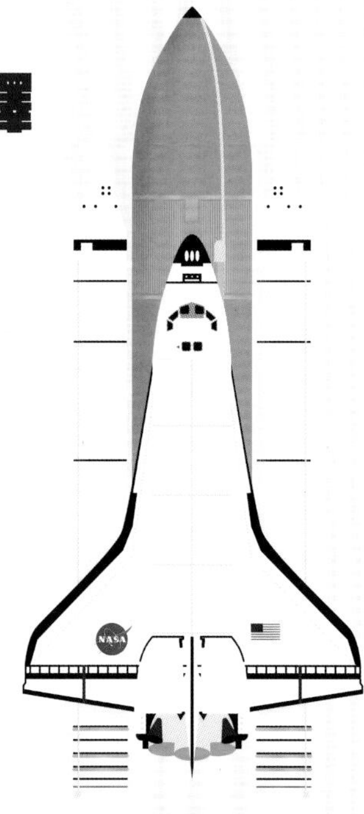

MAAN
Model op schaal gemaakt door Roger D.
Spaceshuttle

第一章

太空和行星

宇宙

大爆炸

一切始於約137億年前的大爆炸(Big Bang)。
科學家們至今無法解開當初發生大爆炸的確切原因。

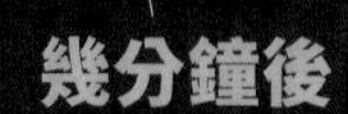

幾分鐘後

原本只有網球般大小的宇宙，開始迅速膨脹。

30萬年後

原子(Atoms)形成，它們是建構萬物的基礎。
從這一刻起產生了可見光。

幾億年後

原子開始聚集在一起，化為恆星，最終形成星系(Galaxy)

你知道嗎？

× **宇宙超級大。**沒有人知道它究竟有多大。
× **你可以在收音機裡聽到宇宙的聲音。**當收音機沒有調到特定電台時，你會聽到噪音。其中一小部分是宇宙造物的殘餘。
× **宇宙就是一切。**宇宙之外沒有任何東西。

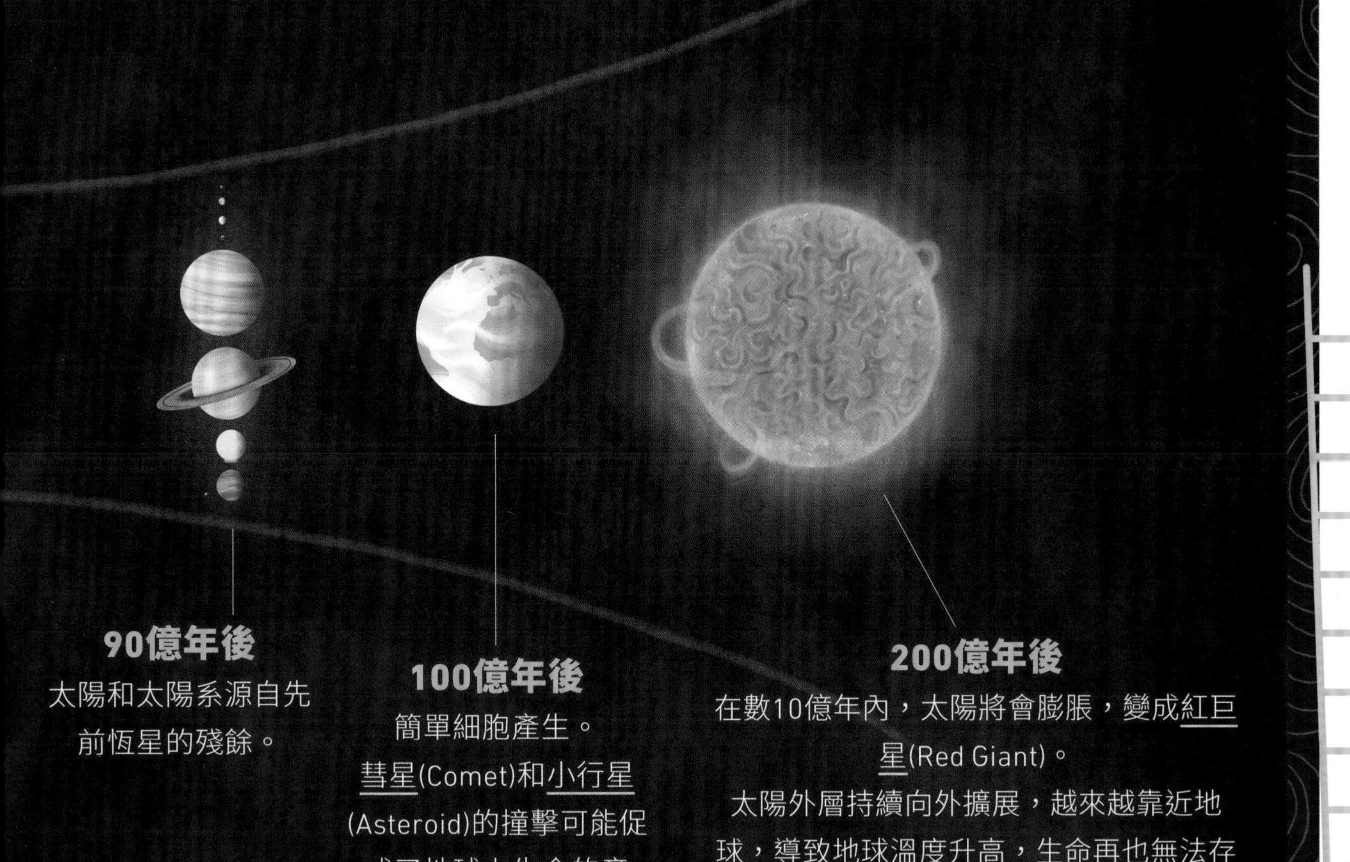

90億年後

太陽和太陽系源自先前恆星的殘餘。

100億年後

簡單細胞產生。

彗星(Comet)和小行星(Asteroid)的撞擊可能促成了地球上生命的產生。

200億年後

在數10億年內，太陽將會膨脹，變成紅巨星(Red Giant)。

太陽外層持續向外擴展，越來越靠近地球，導致地球溫度升高，生命再也無法存在。

× **宇宙繼續增長到今天。**科學家稱之為宇宙擴張或宇宙膨脹。

× **宇宙中有大量的星系。**科學家估計，甚至可能超過1700億個星系。

× **地球上的一切和每個人都是由星塵組成。**地球上的一切，包括人類在內，幾乎都源自恆星的核心，一切都是由星塵構成。

× **宇宙中的恆星數量是地球上沙漠與海灘所有沙粒數量的10倍以上。**

太陽和太陽系

太陽是天空中最明亮的物體。太陽發光發熱的能量來源是核融合(Nuclear Fusion)，作用原理與核能發電廠相反。核融合過程中，2個氫原子會融合成1個氦原子，釋放出大量的熱和光，確保太陽又亮又溫暖，甚至在地球上就能感受到。太陽本身極度熾熱，它的表面溫度約為攝氏5500度，周圍環繞的氣體就是所謂的日冕(Corona)，甚至更熱，可高達攝氏200萬度！如果用特殊望遠鏡觀察太陽，你會看到小黑點，那是太陽溫度較低的區域，「只有」攝氏3000度，我們稱之為太陽黑子或日斑，它們是在太陽表面發生大爆炸後形成。

你知道嗎？

因為太陽太亮了，絕對不要直視。這樣對眼睛很危險，甚至可能導致眼睛受損。如果想觀察太陽，你需要一台特殊的太陽望遠鏡(Solar Telescope)。預防勝於治療！

你知道嗎？

太陽其實是一顆恆星。對，沒錯！實際上，太陽系由1顆恆星(太陽)和8顆行星組成。其中4顆行星體積偏小，主要由「岩石」構成：水星、金星、火星，以及我們的家園地球。這4顆行星離太陽最近，地表上都可以走路、跑跳、熱舞、翻跟斗……其他4顆行星上就比較難，它們非常巨大，主要由氣體組成，所以又稱為氣態巨行星。

岩石行星 (Rocky planets)

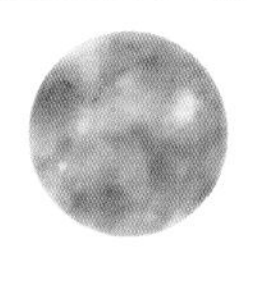
水星 (Mercury)

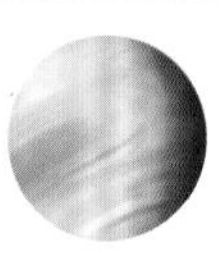
金星 (Venus)

地球 (Earth)

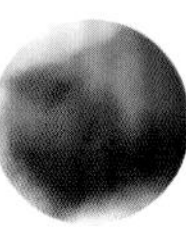
火星 (Mars)

氣態巨行星 (Gas giants)

木星 (Jupiter)

土星 (Saturn)

天王星 (Uranus)

海王星 (Neptune)

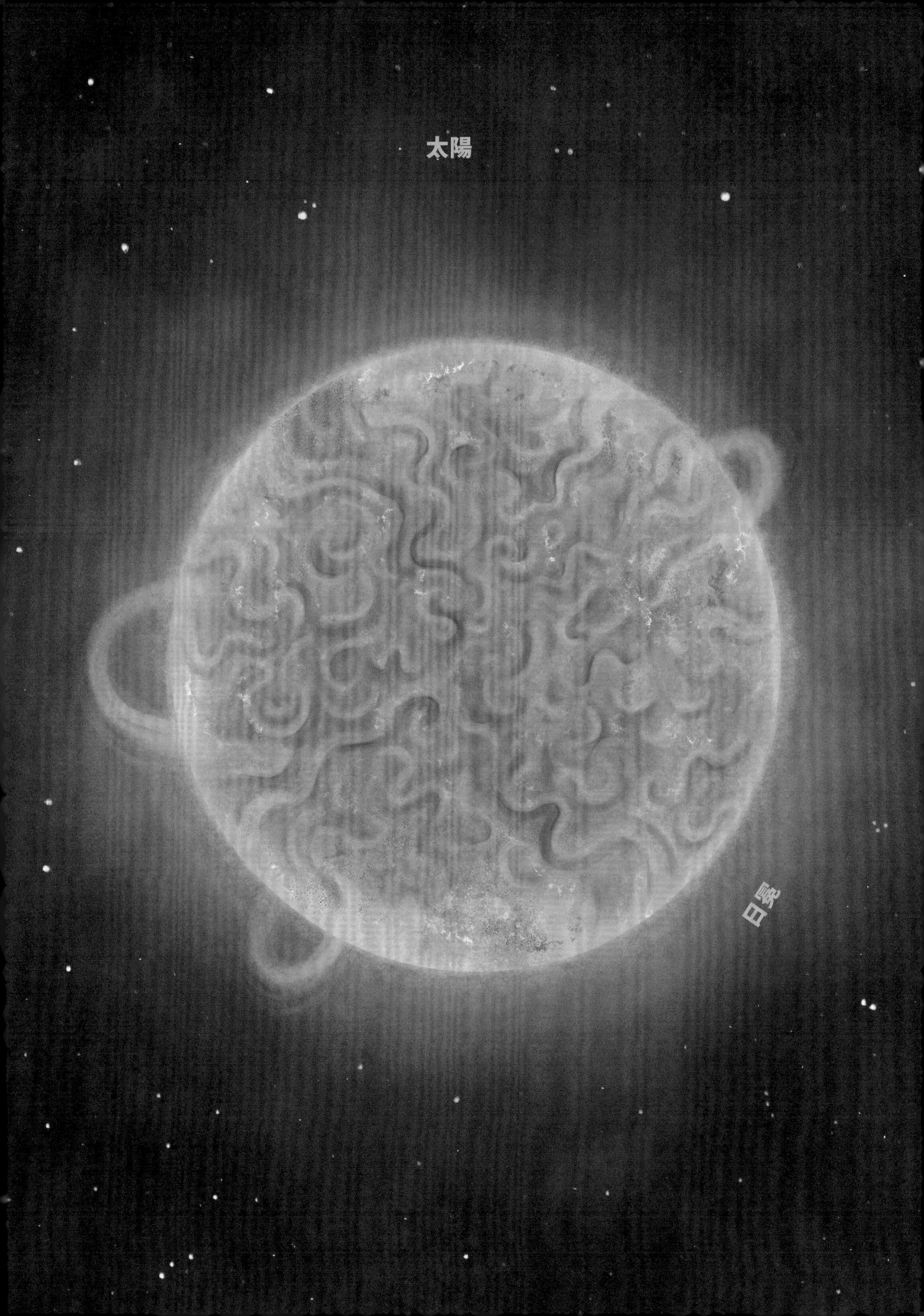

太陽

日冕

太陽系

你知道嗎？

直到400年前，人們仍相信是太陽繞地球運行的。人們認為地球是太陽系的中心。數名科學家經過長期觀察與計算，發現其實太陽才是中心，而非地球。義大利科學家伽利略(Galileo Galilei)寫書證明了這個發現，但教會禁止此一觀點——原因是伽利略的發現與聖經內容不符——連著作也被納入禁書。不過，現在的我們當然知道伽利略是對的！

太陽系中的所有行星都以大橢圓形繞太陽運行。行星離太陽越遠，繞太陽一圈所需的時間就越長。就地球來說，繞一圈需要1年的時間。這顯然不是巧合：科學家們把地球繞太陽公轉一圈的時間等同1年。不過，地球實際轉速稍微慢一點，繞一圈需要365.25天，而不是剛好的365天，所以我們每4年需要有一個閏年可以平衡。火星上的1年幾乎是地球的2倍，即687天。火星距離太陽更遠，所以繞太陽公轉需要更長的時間。在火星上，你的生日每2年才一次。如果你喜歡過生日，最好搬到水星，每88天就可以過一次生日。

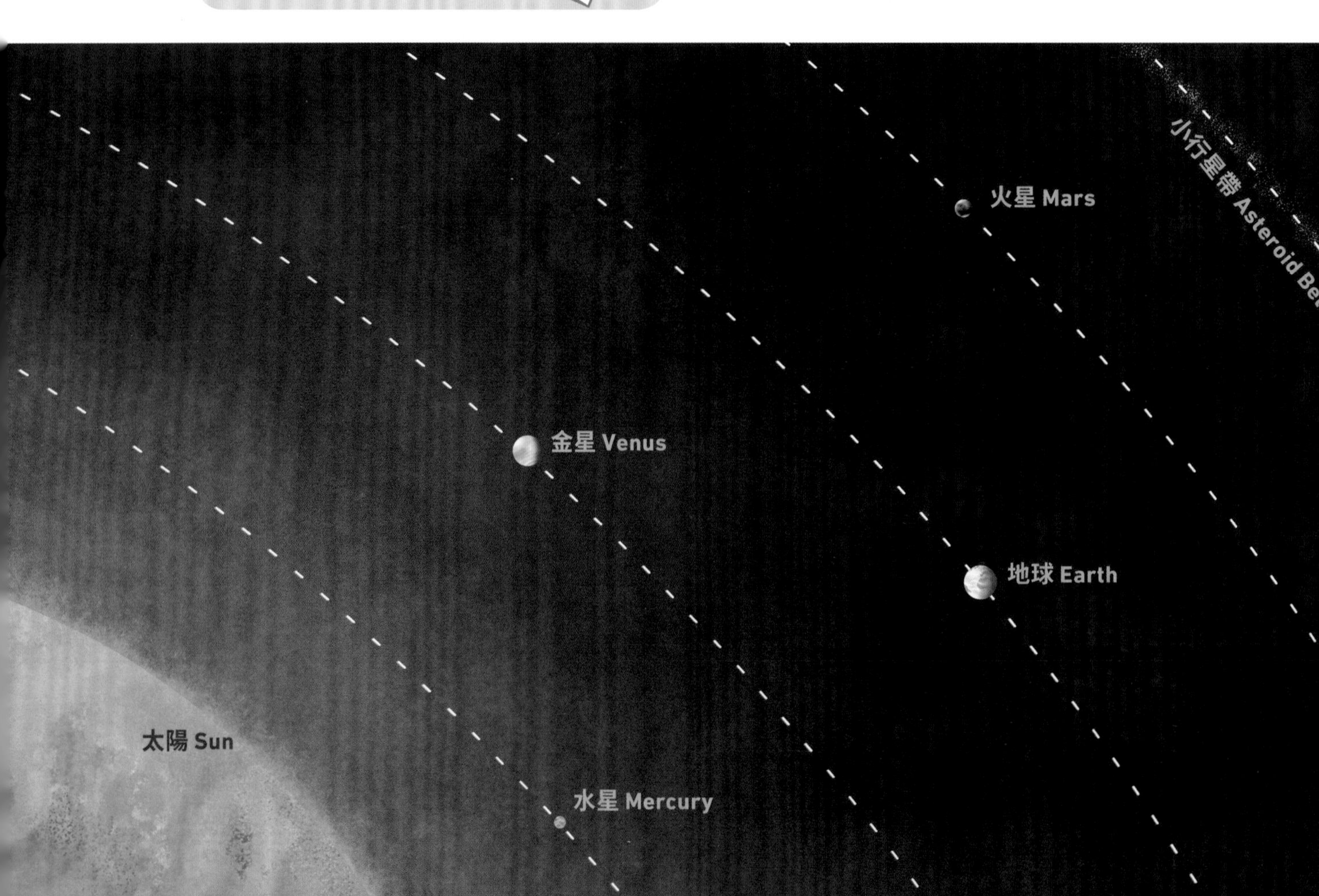

太陽系很大、非常大、超級大。你想知道有多大嗎？太陽光以每秒30萬公里的速度行進(超級快的速度)，意思是光可以在1秒之內繞地球轉7次以上。但在巨大的太陽系裡，超級快的光要從太陽到距離最近的行星——水星，還是需要3分鐘，抵達地球甚至需要8分鐘以上，而抵達距離太陽最遠的海王星，則要花上4個多小時。除了8顆行星之外，太陽系中還有其他天體。在火星和木星之間，許多岩石漂浮在繞太陽運行的軌道上，這些岩石稱為微型行星(Planetoid)或小行星，是行星形成時的殘餘物。越過海王星還有古柏帶(Kuiper Belt)和歐特雲(Oort Cloud)。古柏帶裡有數十萬顆岩石，其中包含一些矮行星(Dwarf Planet)，如冥王星(Pluto)。歐特雲內有數十億個類似彗星，由石頭和冰組成的天體。

你知道嗎？

冥王星曾經很長一段時間是太陽系的第9顆行星。但從2006年起不再如此，因為冥王星不符合「真實」行星的定義。實際上，冥王星比其他行星小得多，以奇怪歪斜的軌道繞太陽運行，而且周圍有許多天體。因此，冥王星被重新命名為矮行星。從此，太陽系只由8顆行星組成。

水星 Mercury

水星是太陽最鄰近的行星，不適合人類居住。它的大氣層(Atmosphere)非常稀薄，在小行星頻繁撞擊之下，外表看起來有點像月球，佈滿隕石坑。因為離太陽很近的關係，水星非常高溫，溫度可達攝氏400度。

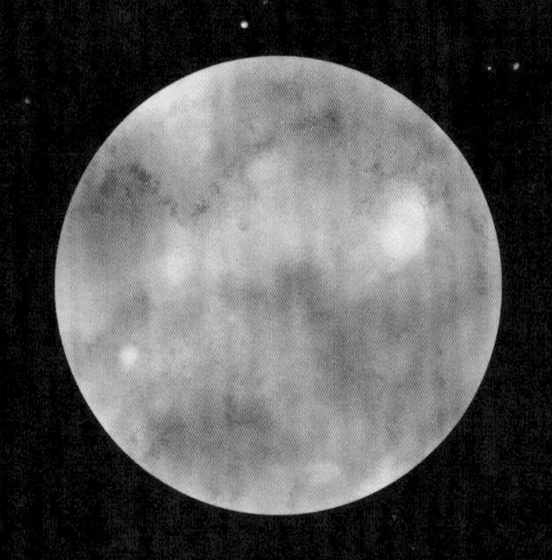

金星 Venus

金星與地球非常相似，體積、重量和組成大致相同。還有，金星非常明亮，所以在清晨或夜晚，不用望遠鏡(Telescope)肉眼也可見。金星距離地球不遠，太空探測器(Space Probe)只需要航行3個月即可抵達——如果你知道太空探測器需要航行5年才能抵達木星，就不會覺得這時間久了。

火星 Mars

你可能知道火星是個紅色星球。它的名字源於岩石中大量鏽蝕的鐵。火星擁有2顆很小的天然衛星，火衛一(Phobos)和火衛二(Deimos)。太陽系的最高峰位在火星上：奧林帕斯山(Olympus Mons)的海拔高度約為27公里。相較之下，海拔高度只有8.8公里的聖母峰(Mount Everest)顯得非常矮小。

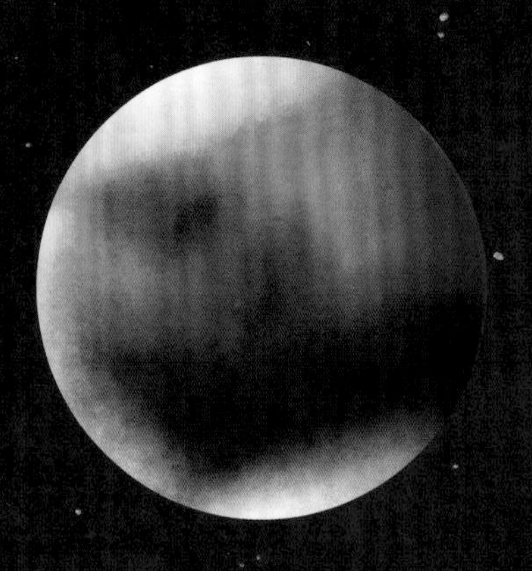

木星 Jupiter

它是太陽系中體積最巨、重量最重的行星！木星以巨大的氣旋風暴聞名。其中一個大紅斑至少已經起風暴數百年，風暴之大甚至可以將整顆地球捲入。木星至少有79顆天然衛星，有時還能發現新衛星。

土星 Saturn

土星與木星非常相似，同樣是具有小型硬核心的氣態巨行星。帶環的土星無疑是最優雅的行星。土星的環帶由小塊冰及岩石組成，某些環帶之間甚至藏有衛星。正是這些衛星確保環帶固定在一起，所以它們有時被稱為牧羊人衛星，就像牧羊人將他的羊群聚集在一起。

天王星 Uranus

天王星是氣態巨行星，與海王星非常相似。由於天王星距離太陽很遠，肉眼幾乎看不到，所以需要使用望遠鏡。這顆行星在1690年被發現時，人們以為它是恆星，而非行星。

海王星 Neptune

海王星是距離太陽最遙遠的行星。它是氣態巨行星，與天王星非常相似。海王星有5道薄環，已發現的衛星多達27顆。

你知道嗎？

太陽系的所有行星都是以羅馬神的名字命名。金星(Venus)以羅馬的愛之女神維納斯命名；而火星(Mars)也不只是紅色行星，也是羅馬戰神瑪爾斯。

地球

地球有時又稱為「藍色行星」，因為從太空看地球，看起來是藍色的。你可以看到的白點是雲，綠斑是陸地。地球呈現藍色的原因是太陽光在大氣層受到反射。在大氣層之上的太空中，一切都是漆黑的，只見無數星星。

你知道嗎？

如果開車繞地球一圈，大約要花16天。這當然不可能做到，因為地球上有大量的水和海洋。但是你可以搭船繞地球航行。目前的世界紀錄約為40天。

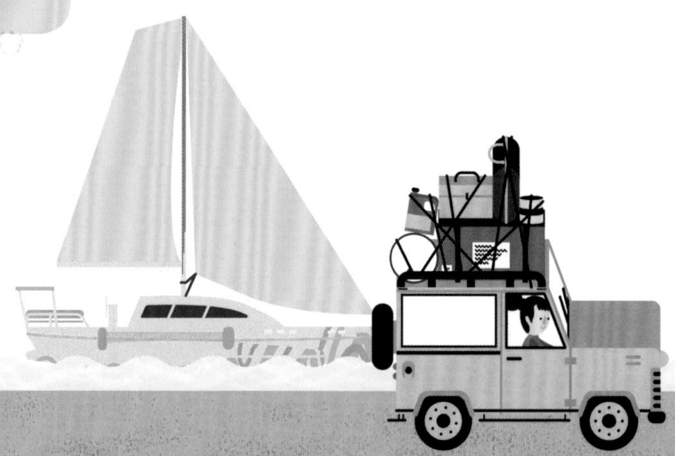

太陽系有4顆岩石行星，又稱「類地」（Terrestrial）行星，而我們的家園地球，正是其中體積最大且重量最重者。約46億年前，地球與太陽一起誕生。如你所知，地球有1顆天然衛星，就是天空中亮度僅次於太陽的月球。

地球繞太陽轉一圈，時間是一年。這樣的速度約為每小時110,000公里，比高速公路上的車子快1,000倍。此外，地球也繞著自己的軸旋轉，也就是自轉。你可以把它比擬為在手指上旋轉的籃球。繞自轉軸一圈恰好需要1天24小時。由於地球略微傾斜，所以我們有春夏秋冬四季。

你知道嗎？

地球在冬天比在夏天更接近太陽。這是因為地球繞太陽運行的軌道並不完美。它不是圓形，而是橢圓形，所以地球有時離太陽較近，有時離太陽較遠。在比利時與荷蘭，夏天時其實位在距離太陽最遙遠的點，但由於地球自轉偏斜，夏天比冬天暖和得多；在澳大利亞的情況正好相反：那裡是夏天，這裡是冬天。一切全是因為地球自轉傾斜的緣故。

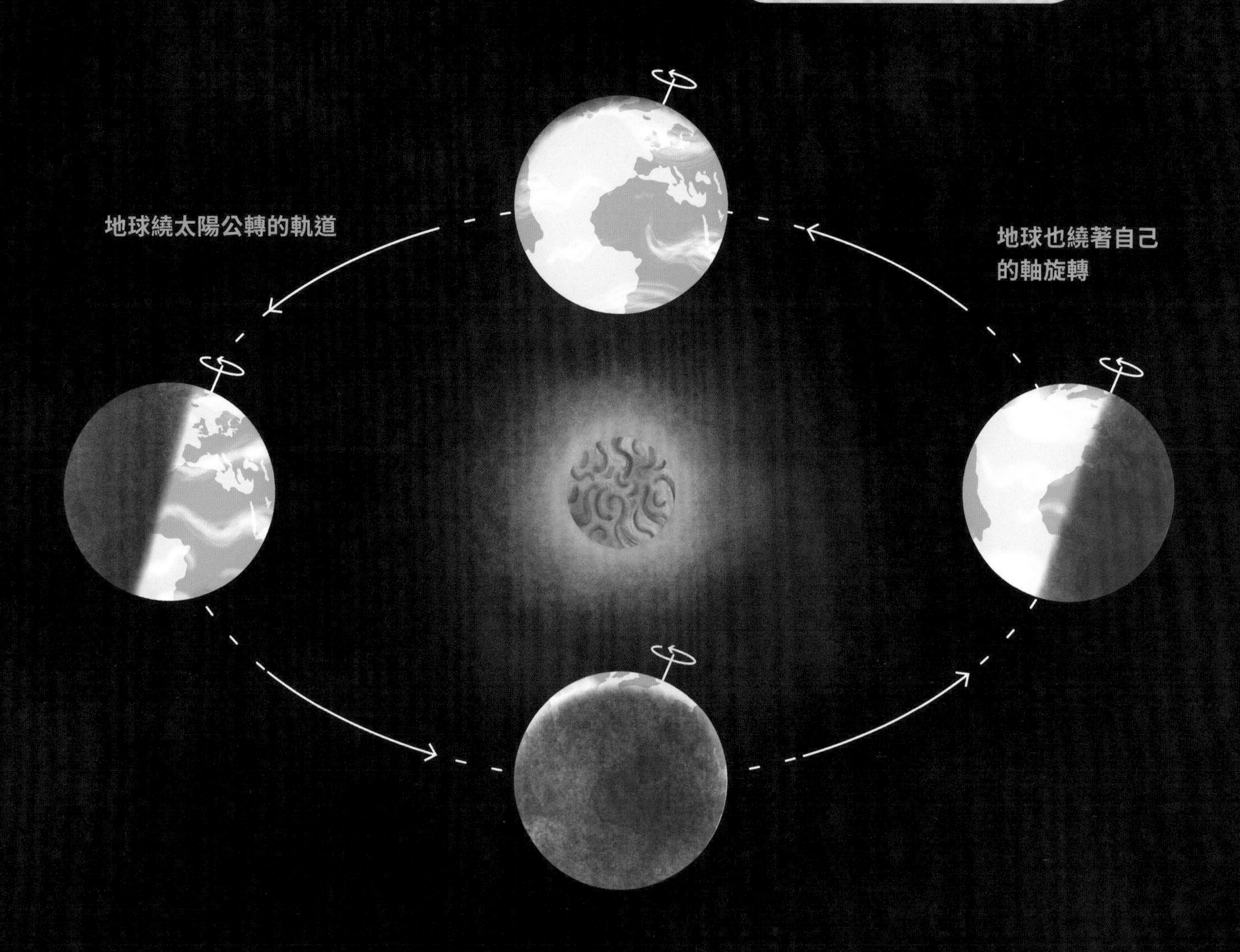

太空從哪裡開始？

如果處在地球表面上方100公里，你就正式進入太空。這條假想線又稱為卡門線(Karman Line)。一旦越過這條線，你就可以自稱為太空人(Astronaut)！不賴吧，尤其如果你覺得100公里其實並不遠。假設你可以直直開車往上衝，不到1個小時就能抵達。如果坐火箭更快，不用4分鐘。

太空比你想像的還要近！

卡門線

100公里

地球

你知道嗎？

太空屬於每個人。在太空中，沒有人是老大。在上個世紀的1967年，世界各國一致同意，沒有人可以聲稱擁有月球、行星或太空。不過，就像在海上一樣，還是有一些法律規範某些秩序。海洋不屬於特定國家，但每一艘船都必須遵守某些法律。比利時的船舶必須遵守比利時法律，而西班牙的船舶必須遵守西班牙法律。太空中也是如此。所以你偷了另一個太空人的東西，不可能不受罰。

距離地球表面越遠，空氣越稀薄。大氣層可以分成很多層，就像毛毯一層一層疊起來一樣，又保暖又舒適！對流層(Troposphere)位在大氣層的底部，離地球最近，有如超級暖和的毯子般(好比外頭冷颼颼時，希望鋪蓋在身上的羽絨被)，讓地球保持溫暖宜人。你、爸爸媽媽、狗狗、植物……通通居住在這一層。對流層最高約達12公里，高度越高，氣溫越冷，12公里高處的氣溫是攝氏負56度左右。

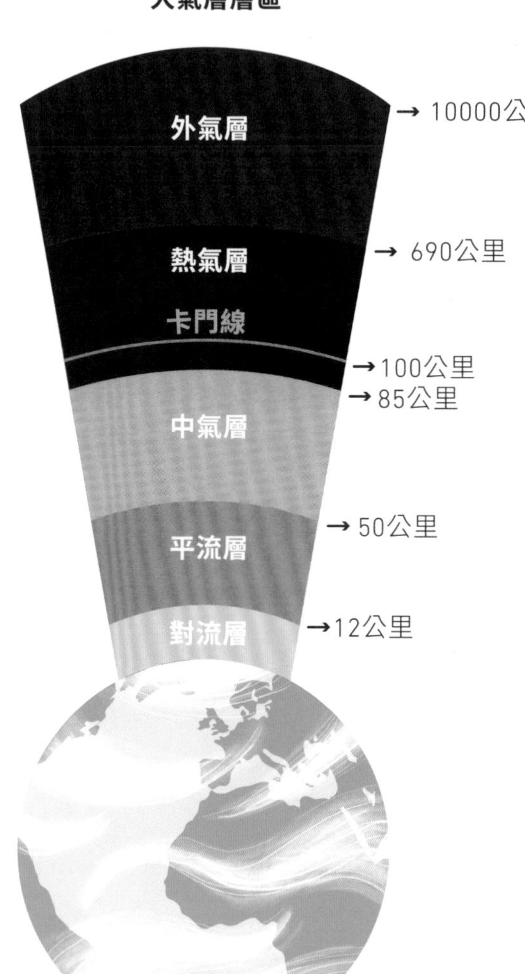

對流層的上一層是平流層(Stratosphere)，距離地表的高度為12至50公里。由於臭氧層(Ozone Layer)的關係，平流層的氣溫不會隨高度變冷。

再來是第3層毯子——中氣層(Mesosphere)，太空岩石小碎塊偶爾會在這一層燃燒成流星。最上方的毯子是熱氣層(Thermosphere)和外氣層(Exosphere)。區分外太空的界線(卡門線)位在熱氣層。

太空巨大浩瀚，沒有空氣，用科學術語來說是真空(Vacuum)。因此，太空中無法呼吸，而且時冷時熱。太陽照射的一側，溫度很快就會上升。但在另一側的太空又冷又黑，溫度迅速流失。所以太空人走出太空船時，必須穿著特殊的太空衣，這樣才能吸入氧氣，而且保護他們不受極端溫度傷害。否則的話，他們沒辦法在外太空旅行中存活。

重力

當你跳躍時，雙腳總會重回地面，就好像一隻假想的手抓住雙腳，將它們拉回地面。這是重力(Gravity)所致。任何有質量的物體都會吸引另一物體。物體越重，重力的吸引力越強；物體越接近，吸引力也越強。這就是重力或萬有引力的原理。正是這股力量，確保所有東西都落到地球上，月球會繞地球運行、地球會繞太陽運行也是如此。

過去人們對於宇宙所知不多，直到約350年前，聰明的科學家艾薩克．牛頓(Lsaac Newton)發現某件事。據說牛頓在花園裡散步時，突然一顆蘋果從樹上掉下來。那一刻，牛頓了解到一定是有一股力量把蘋果拉向地球，所以蘋果才永遠不會往上掉。

牛頓開始進行多項實驗，最後在《自然哲學的數學原理》(Philosophiæ Naturalis Principia Mathematica)中寫下所有發現。牛頓在書中解釋了重力如何運作。

艾薩克．牛頓

重力在每個星球上的強度不同。例如，月球上的重力強度不如地球。這是因為月球的質量(重量)小於地球。假設地球上的重力是1，那麼月球上的重力只有我們習慣的1/6。你在月球上的體重也只有地球上體重的1/6。每個星球的重力都是不一樣的。

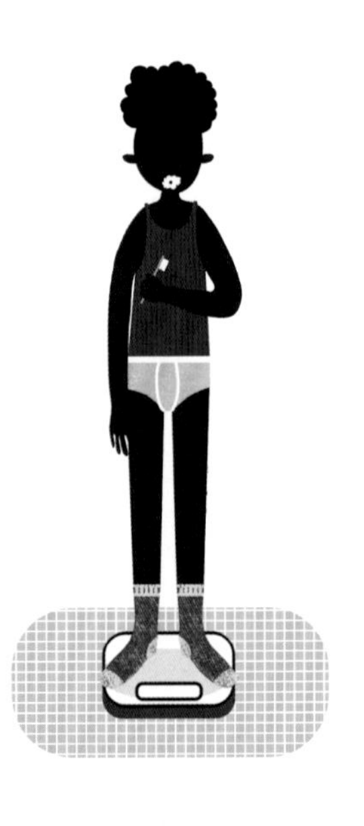

月球對潮汐的影響

兩個有質量的物體相互吸引，這就是重力的原理。這項原理同樣適用於地球和月球，即使兩者距離如此遙遠也適用，所以地球上才會有潮汐，潮起潮落都是地球上的海水受到月球重力作用所致。月球所在的一側會吸引較多的水，形成漲潮或滿潮，而這些水來自當時距離月球較遠的地方，那裡則產生退潮或乾潮。由於地球也繞著自己的軸自轉，所以大約每隔6小時會轉換一次潮汐方向。

你知道嗎？

× **你在聖母峰頂的體重比在地球最低處的體重輕。**因為你離地球中心遠，重力就會比較弱。

× **重力將整個宇宙結合在一起。**

× **重力是保持健康的必要條件。**太空人在執行太空任務時，健康會多方面惡化。只要想想肌肉質量的下降就能明白這個原理。

月球

月球，你當然認識：你在夜裡看見那美麗又明亮的天體，就是月球。月球繞地球運行，整整繞一周不用30天。同時，月球也與地球一起繞太陽運行。

繞行星運行的天體又稱為衛星(Satellite)。實際上，月球是地球的衛星，且是最大又最古老的地球衛星，繞地球運行至今已40億年。此外，太陽系中還有更多的衛星。繞木星運行的衛星至少就有79顆！木星的夜景一定美不勝收。

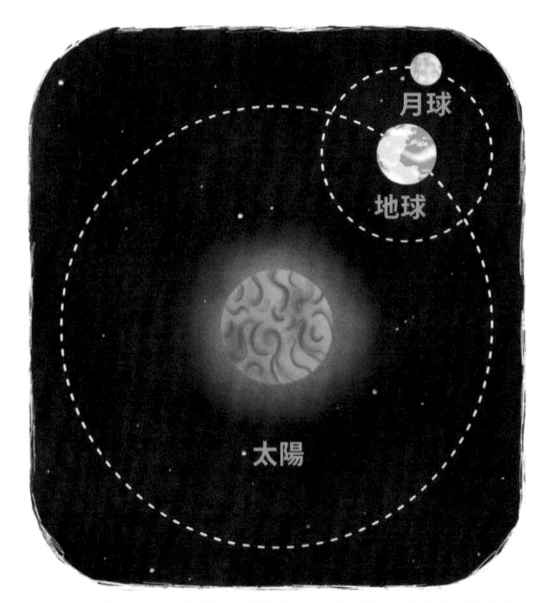

月球繞地球的軌道和地球繞太陽的軌道

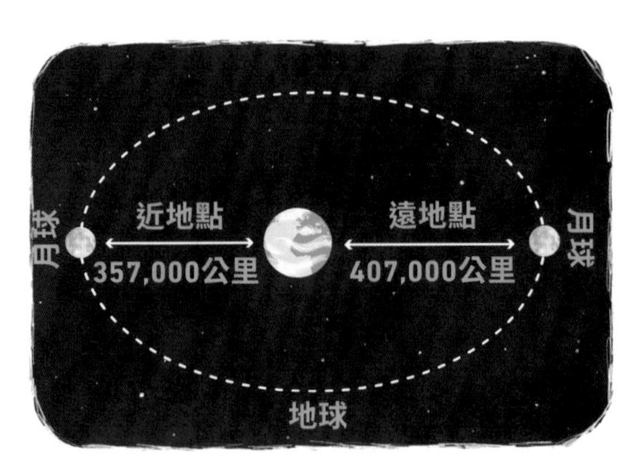

月球到地球的距離

月球與地球的平均距離約為385,000公里。月球與地球之間的最長距離稱為遠地點(Apsis)，最遠達407,000公里，最短距離則以近地點(Perigee)一詞來表示，介於357,000和370,000公里之間。兩者距離看似非常遙遠，但實際上沒那麼遠。搭火箭的話，3天內可以抵達月球。開車的話，大約6個月後就能到，不過，你得先築一條路才行……

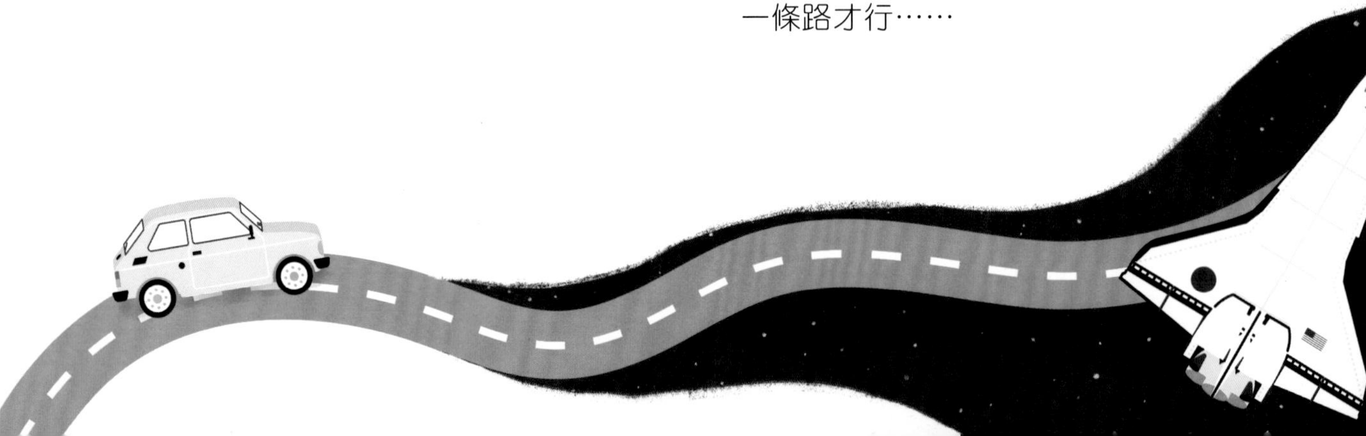

月球可能是在一顆名為特亞(Theia)的小行星與地球相撞後形成。而科學家們認為，月球是當時龐大物質拋入太空後所形成的。這也或許可以解釋，為何月球有與地球相同的岩石組成。

夜晚看月亮時，你會看到明暗不一的大斑塊。亮斑是月球的山脈和山谷，暗斑是大平原，又稱為海——儘管那裡並沒有水。月球上佈滿坑窪或隕石坑，全都是來自太空的岩石撞擊月球後形成。在地球上，大多數的岩石會在碰撞之前燃燒殆盡，而且如果碰撞發生，隕石坑也會受風化和水流影響而慢慢消失。這稱為侵蝕(Erosion)。然而，由於月球沒有大氣層，無風無雨，隕石坑便一直保持原樣。換句話說，月球上沒有侵蝕。月球上也沒有火山。所以月球表面數億年來依然保持不變，你可以看到10億年前發生碰撞造成的隕石坑。下次帶一副雙筒望遠鏡來賞月吧！

月球上有山脈、山谷和大平原

月相變化周期

雖然月亮看起來很亮，但月球本身並不會發光，只會反射太陽光。太陽總是照亮半邊月球，就像照射地球一樣。但是由於月球繞地球運行，我們不是一直都能看見被照亮的半邊，所以我們從地球上看月亮，會覺得每天月亮的形狀都在變。滿月時，你會看到一輪圓月，每隔兩週可以看到半球形的弦月，再過兩週，月亮似乎消失不見，也就是新月。

月球像地球一樣會自轉，周期為29天。同時，月球也繞地球運行。所以從地球上看，我們總是看到月球的同一面。好比你把一顆網球繫上繩子，同時揮動網球又旋轉身體，你會一直看到網球的同一面。

1959年有個重大新聞！俄羅斯太空船月球3號(Luna 3)成功繞月飛行，拍下月球另一側的照片。2019年1月3日，中國太空飛行器嫦娥4號(Chang'e 4)首度登陸神秘的月球背面。實際上，月球的兩面非常相似，只是背面的隕石坑更多。

月球3號

尼爾・阿姆斯壯(Neil Armstrong)

這是我個人的一小步，
卻是全人類的一大步。

1969年7月21日。歷史性的一刻：第一次有人踏上月球。這項榮譽屬於美國太空人尼爾・阿姆斯壯，他在阿波羅11號任務期間，與伯茲・艾德林(Buzz Aldrin)一起登上月球。在他們之後，陸續還有10個人登月，最後一次在1972年，後來再也沒有人登月。

你知道嗎？

- **月球上沒有聲音。**這不只適用於月球，也適用於整個太空。因為那裡沒有空氣，也沒有水，在理想情況下，聲音振動需要以空氣或是水作為傳遞的介質。此外，月球上無風無雨，所以太空人在50年前漫步月球的腳印依然清晰可見，而且還會保持原樣千萬年。
- **有時候，月球正好位在地球和太陽之間。**這時會發生我們所謂的日全食(Total Solar Eclipse)，在白天突然天色變暗。
- **月球南極有一處永遠不會天黑。**這個地方是名副其實的「永晝峰」(Peaks of Eternal light)。旁邊有一座很深的環形山，裡面充滿冰水，卻不曾照進陽光。所以，月球是環境很極端的世界。
- **月球上也能欣賞藝術作品。**對，這是真的！月球上可以找到一件藝術品，那是比利時藝術家保羅・范・霍伊東克(Paul Van Hoeydonck)製作的雕塑，名為「殞落的太空人」(The Fallen Astronaut)。它在1971年阿波羅15號任務期間被帶上月球，並且遺留在月球上。

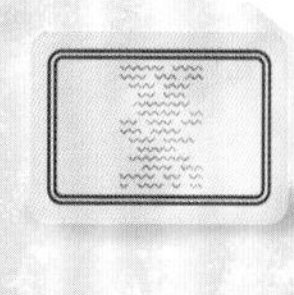

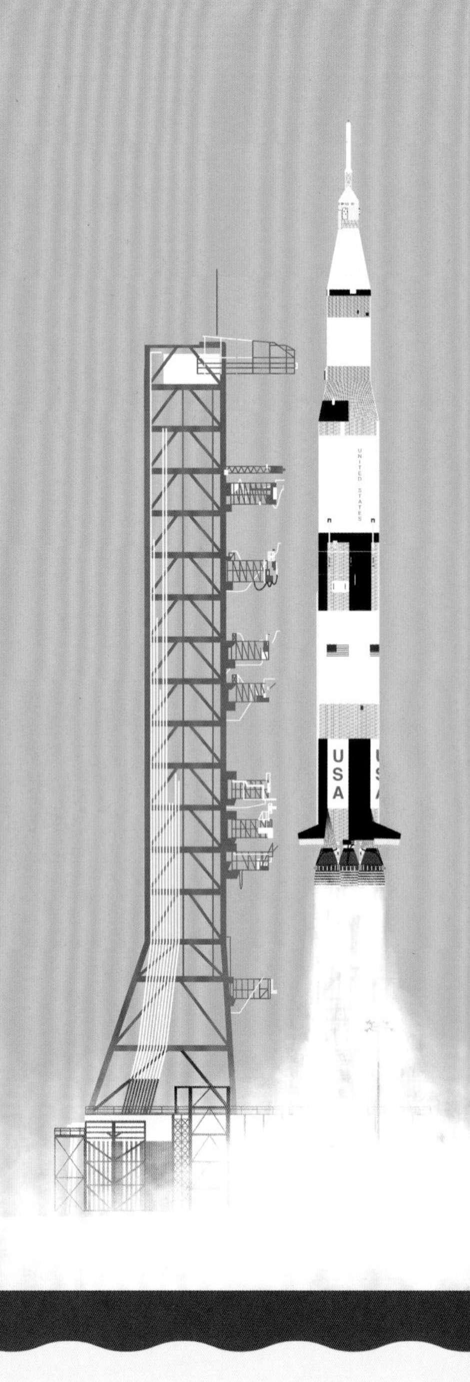
UNITED STATES
USA
USA

火箭和衛星

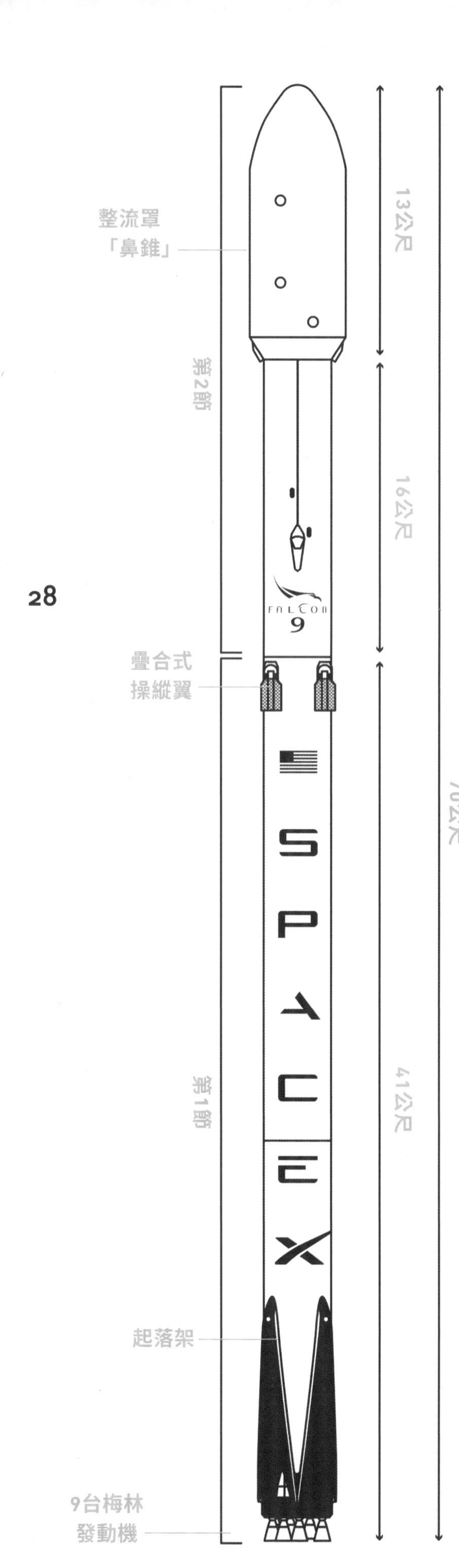

什麼是火箭？

火箭是前往太空的交通工具。長型圓筒狀的火箭，與大教堂的塔樓一樣高。太空人坐在頂端的特別艙（Module）中，衛星放在整流罩（Fairing）之下，最底部的火箭發動機（Rocket Engine）則在發射期間提供龐大動能，推動火箭往上衝，一路持續加速，直到進入太空。此外，火箭還有大型的燃料箱（Fuel Tank）。

火箭運用的飛行原理與飛機完全不同。飛機利用流過機翼的空氣來推動自身，為空氣動力學（Aerodynamics）。火箭的飛行作業不用空氣，所以沒有機翼。

若要建造火箭，必須先把火箭分成不同部位，各部位有各自的發動機，然後再把它們組合起來。這些可拆分的部位稱為火箭的節（Rocket Stage）。實際上，大型火箭從底部起算第1節，置於上方的較小火箭是第2節。第2節在第1節火箭燃料耗盡時才會啟動，隨後第1節會分離脫落，掉回地球墜入海洋之中。因此，第2節飛往太空時，無需再承載第1節的重量。有的火箭在第2節上方，還有更小型的第3節火箭。大多數情況下，火箭發射的整個過程不超過30分鐘。

你在右頁可以看到阿利安5號（Ariane 5），它是最大型的歐洲火箭，由3節組成，配置2個助推器（Booster），又稱推進器（Thruster）。助推器能夠協助第1節火箭離地升空。沒有助推器，火箭就無法起飛。不過，2分鐘後，助推器會完全燒毀脫離。

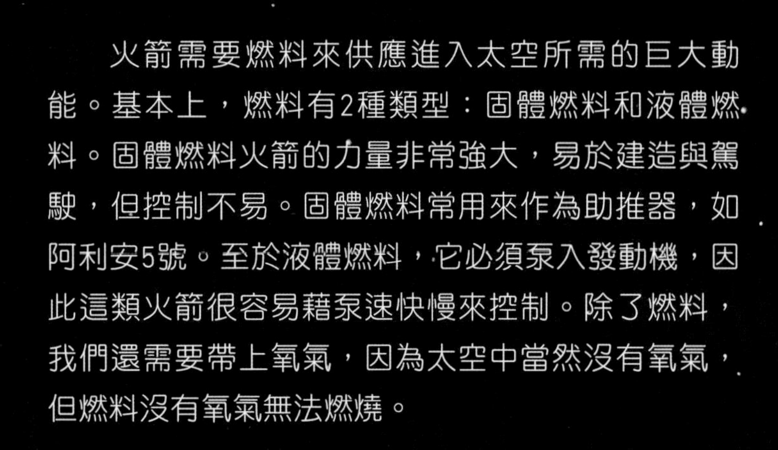

火箭需要燃料來供應進入太空所需的巨大動能。基本上，燃料有2種類型：固體燃料和液體燃料。固體燃料火箭的力量非常強大，易於建造與駕駛，但控制不易。固體燃料常用來作為助推器，如阿利安5號。至於液體燃料，它必須泵入發動機，因此這類火箭很容易藉泵速快慢來控制。除了燃料，我們還需要帶上氧氣，因為太空中當然沒有氧氣，但燃料沒有氧氣無法燃燒。

阿利安5號是最大型的歐洲火箭。

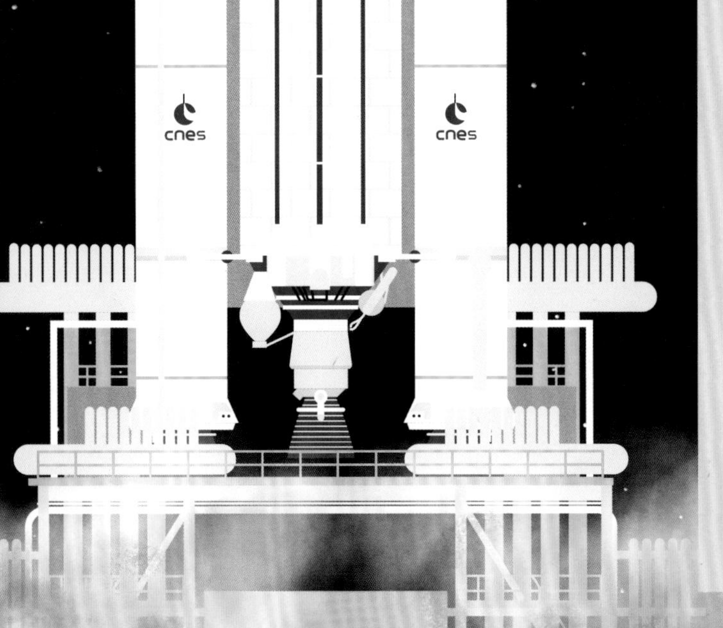

你知道嗎？

× **50年前為了將人類送上月球而建造的土星5號（Saturn V）火箭，依然是有史以來力量最強大的火箭。**雖然它已經很久沒有飛行，但比起當今最強大的火箭——太空探索技術公司（SpaceX）建造的獵鷹重型（Falcon Heavy）火箭，力量仍然可達2倍之多。土星5號可以將140噸重物送入繞地球低軌道（Low Orbit），那可是將近25頭大象的重量！

× **一枚火箭配上完整裝備，費用可達4千萬至1億歐元之間。**有些甚至更貴。例如，太空梭（Space Shuttle）的飛行成本超過4.5億歐元。其中，燃料只佔一小部分。火箭的發動機、複雜的控制單元，以及漫長又昂貴的火箭開發耗資最巨。

× **火箭發動機在燃燒室（Combustion Chamber）可加熱達攝氏3300度，而該發動機必須不斷調整，才能讓火箭向上直飛。**試試看把掃帚柄垂直放手上，你也一樣必須持續用手調整。

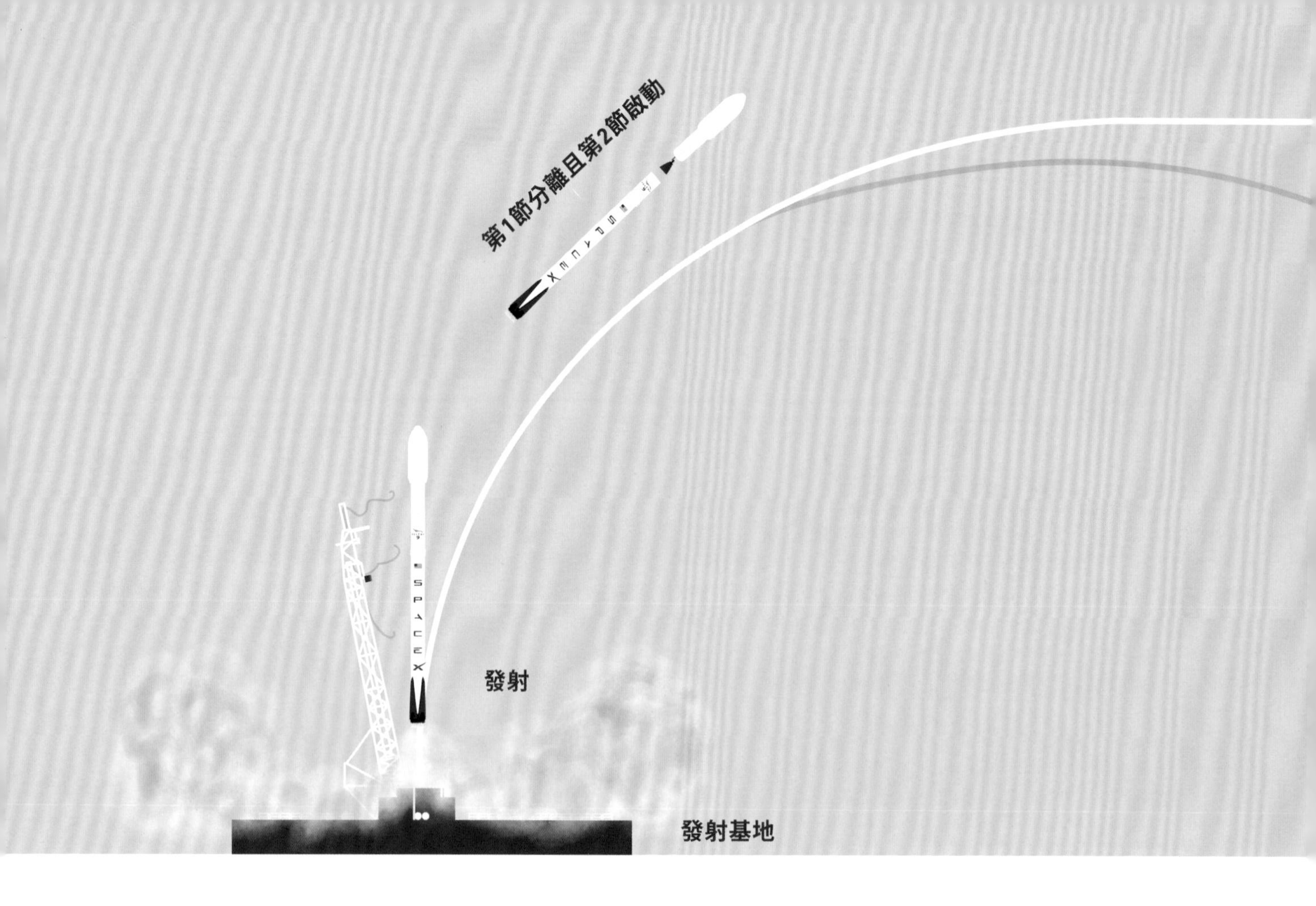

發射

3……2……1……發射！火箭帶著不可思議的巨大轟鳴聲起飛！火箭離地升空，發射開始。第一部分是最困難的，因為離地表近，空氣還很濃厚。火箭又飛這麼快，所以會遇到強大逆風。最初幾分鐘，火箭幾乎是垂直往上飛。大約3分鐘後，第1節的燃料燃燒殆盡。發動機關閉，第1節分離，然後墜入海中，無法再利用。

數秒鐘後，第2節啟動。第2節的發動機力量較弱，此時，火箭已達空氣密度低的高空，減緩速度的大氣阻力大幅減少，火箭也慢慢從垂直飛行轉為水平飛行。火箭頂端的整流罩，原本作用是保護衛星免受空氣影響，這時從火箭上脫落。現在沒有空氣，火箭又變得更輕。大約8分鐘後，第2節的燃料也已燃燒殆盡，衛星——有時是數顆衛星——與火箭脫離。

整流罩脫落

衛星成功釋放

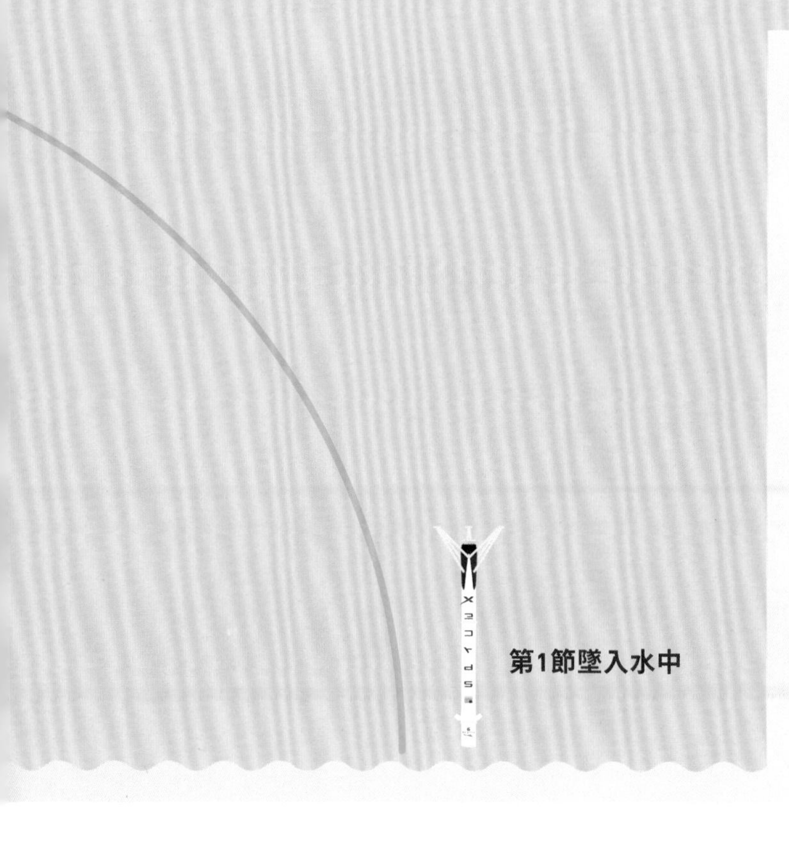

第1節墜入水中

你知道嗎？

× **平均10次發射會有1次出錯。**有時火箭爆炸，有時火箭飛往錯誤方向，而衛星最終就會進入錯誤的繞地軌道，所以時至今日火箭發射依然十分危險。

× **有的火箭可以從飛機下方發射。**這種情形是火箭掛在飛機下方，飛機要飛到超過10公里高後才點燃。通常是較小型的火箭。

× **平板電腦或智慧型手機有多款應用程式，可在世界某處火箭起飛時，傳送訊息給你。**這樣，你就永遠不會錯過任何一次發射或著陸！還在等什麼呢？

現在，衛星正在繞地球運行！

想像一下：你想搭飛機去美國，於是你買了一架飛機，獨自坐在機上，飛到美國後，就把飛機丟棄。這似乎是一趟非常昂貴的旅程，而且飛機才使用一次而已，形同浪費一架好飛機。不過，在太空旅行領域，這是常見的做法。你買一台昂貴的火箭，裡面放一顆大衛星，抵達太空後，就把火箭燒掉或讓它墜入海中。這就是為什麼太空旅行如此昂貴的原因之一。

但是，優秀的工程師試圖改變這一點。他們開發出新型火箭，能夠垂直著陸而不墜毀，如下圖看到的一樣，很驚人吧！獵鷹9號第1節就是絕佳的例子，它可以降落在浮船上或飛回火箭起飛處，落地後再重新使用。這種做法讓火箭成本降低，減少浪費。

獵鷹9號降落在一艘浮船上

衛星是什麼？作用為何？

衛星是繞行星運行的物體。有天然衛星，如月球，也有人造衛星。衛星的應用各式各樣：攝影、研究天氣、從太空進行間諜偵察，或者藉全球定位系統（GPS）尋找地面路線。

衛星由眾多細部組成，但大致可分為兩大部分：一為平台（Platform），又稱匯流排（Bus）；一為有用負載（Useful Load），又稱酬載（Payload）。若以間諜衛星為例，有用負載就是拍攝間諜照片的相機。平台則是確保相機取得電力、校準正確、懸掛位置正確，以及照片能夠回傳地球等各部分。

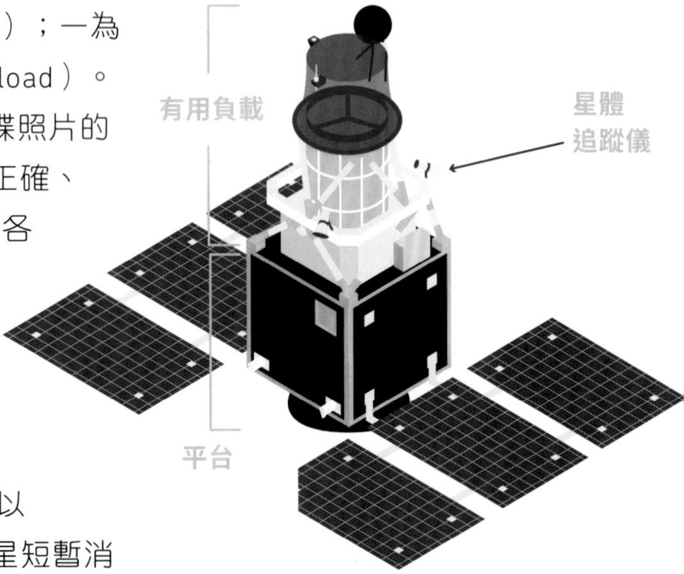

電能

衛星通常從太陽取得能源。大型太陽電池板（Solar Panel）面向太陽，藉以發電，類似屋頂式太陽電池板一樣。當衛星短暫消失在地球的陰影下時，衛星上的電池會暫時供應所需能源。一旦回到太陽照射之下，衛星的電池會自動充電。

有時太陽電池板非常龐大，如同下頁所見，在國際太空站（International Space Station; ISS）上的太陽電池板圖示，它們無法裝入火箭。這樣的話，火箭發射時會將它們切分小片，再摺起來。一旦衛星位於太空，太

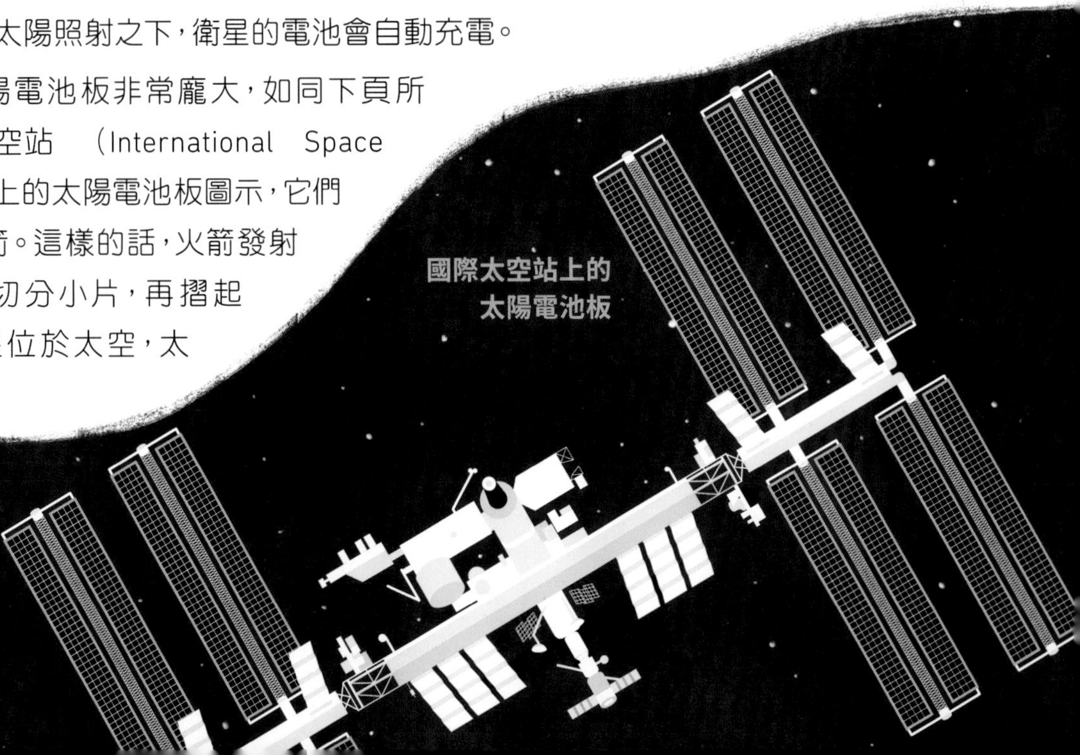

陽電池板就會展開，面向太陽。

定位

衛星必須能夠精確瞄準。太陽電池板得面向太陽，否則衛星會電力耗竭。若是間諜衛星，相機也必須得對準，才能拍攝到正確區域。為此，衛星擁有不同種類的感測器（Sensor），如全球定位系統（GPS）和星體追蹤儀（Star Tracker）。大家應該知道什麼是GPS，它可以告知你的位置、你的行進速度，以及確切的時間。而星體追蹤儀運用的原理，與船員長久以來在世界跨海航行使用的方式相同。星體追蹤儀拍攝星體照片，嘗試識別照片上的星體型態，再運用星圖（Star Atlas）尋找照片上的星體。這樣做可以提供有關衛星在太空中所處位置的資訊。若要使衛星轉向或移動，則需要致動器（Actuator）。致動器可以是小型火箭（推進系統）或反作用輪（旋轉碟），透過加速或減速，衛星就能朝不同的方向移動。

衛星將太陽電池板面向太陽

你知道嗎？

× **衛星是在極度潔淨的室內建造，又稱為無塵室（Clean Room; White Room）**。進入太空的所有東西都必須極度乾淨，因為任何灰塵顆粒都會干擾照片或破壞電腦。

× **有些衛星進入太空深處，以至於沒有足夠陽光產生能量**。在這種情況，衛星上會配有足以供電多年的放射能源。

× **有的衛星非常小，只有10立方公分（10cm×10cm×10cm）**。它們被稱為立方衛星（CubeSat），通常由大學建造，用來指導學生真實的衛星運作方式。

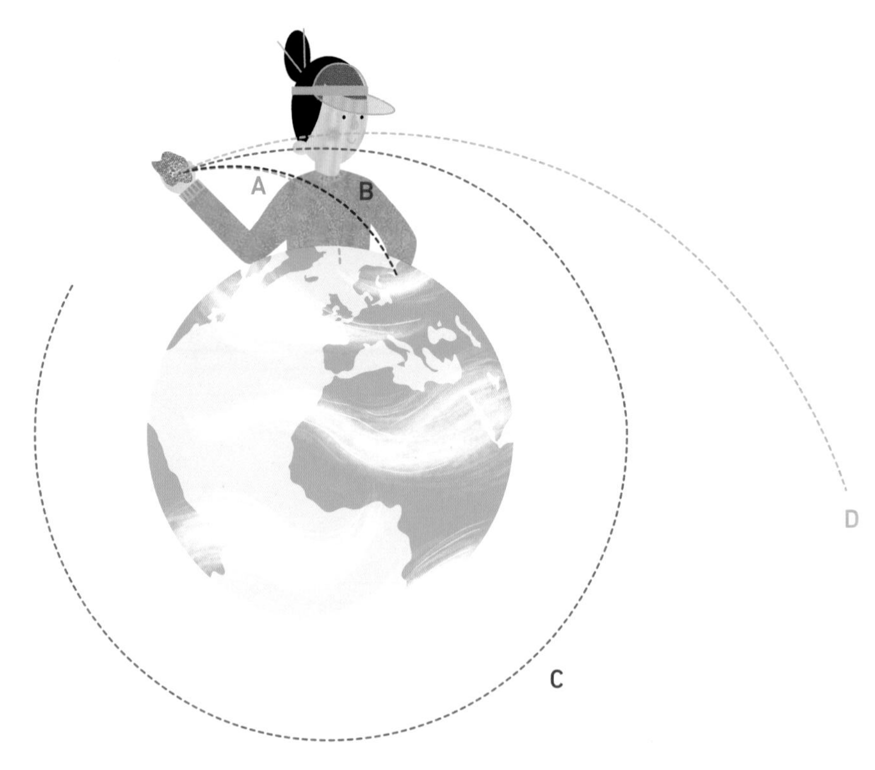

繞地球的軌道

你在繞行地球的軌道上時，實際上是處於持續墜落又繞著地球的狀態。這可能聽起來有點奇怪。想像一下，你站在海灘上，手裡拿一塊石頭，把它扔進海裡。石頭短暫飛了一會，落入海中，濺起水花，如上圖的A。重力確保石頭會落至地球；但經過如奧運鉛球選手般的多年訓練，你可以把石頭扔到更遠的海裡，如上圖B；如果你強壯到可以用28,000公里的時速扔出石頭，特別的事情將會發生：這時候，石頭不再落入海中，而是落在地平線後方。換句話說，石頭飛得太快，重力的強度不足以讓它落到地面，如上圖C。恭喜，你把石頭扔入繞行地球的軌道上了！

能做到這一步，你應該也可以用40,000 公里的時速扔出石頭。這個速度已經快到足以擺脫地球的重力。此時，石頭會達到逃離速率（Escape Speed），飛向月球、火星、木星或更遠的地方，如上圖D。

火箭也一樣。它以足夠的速度把衛星「扔」入繞地球的軌道。火箭往上直飛，原因就是要飛到大氣上方，才能保持墜落的狀態。如果有空氣，衛星減速就會落回地球。

衛星必須藉火箭發射進入太空。作業地在發射基地（Launch Base），發射基地通常位在海岸，這樣的話，火箭可以在海上起飛，爆炸也不會造成過度損害。此外，盡可能接近赤道（Equator）發射火箭也很重要。地球繞著地軸自轉，所以在赤道上，可以充分利用這一點，借助地球的速度，火箭得以用稍低的速度進入繞地球的軌道。

最著名的發射基地為：甘迺迪太空中心（Kennedy Space Center），阿波羅火箭就是從這裡飛往月球；位於法屬圭亞那庫互（Kourou）的發射基地，歐洲火箭皆在這裡起飛；以及位於哈薩克貝科奴（Baikonur）的發射基地，俄羅斯火箭在此起飛。

火箭發射

所有繞地球運行和位在行星間的衛星軌道，都是受速度而定。想想看，現在用適當速度把石頭投入繞地球運行的軌道。如果速度加快，石頭會升得更高。但減速的話，石頭會落回地球。所以該如何飛到火星呢？很簡單。你需要一枚能夠加速至超越逃離速率的火箭。

注意！你可得瞄準好。你要瞄準的方向，不是發射火箭當下的火星位置，而是6個月後抵達時的火星位置。此外，你也不是隨時都能去。地球與火星必須處在特定的相對位置，每 26 個月才出現一次機會。而且，你只有幾星期的時間發射火箭，這就是所謂的發射窗期（Launch Window）。你可以在一定時段內發射火箭至特定軌道，太早或太晚都無法抵達目的地。

你知道嗎？

你可以前往觀賞火箭發射。這是非常奇妙的獨特體驗！或許是下次渡假目的地的好點子？

衛星的類型

繞地球的衛星軌道，選擇有無限可能性。每條軌道各有其優缺點。但就像一個鍋子一個蓋一樣，每顆衛星都有對應的軌道。

間諜衛星

間諜衛星是一種軍用衛星，可以從外太空觀測可疑的設施和地點。大多數的間諜衛星位在低軌道上，以便取得很清晰的照片。這些衛星繞地球一周只需要1.5小時。低軌道衛星約在300至2000公里的高度繞地球運行。最著名的低軌道衛星，無疑就是飛行在地球上空約400公里高處的國際太空站（ISS）。

定位系統衛星

美國全球定位系統（GPS）或歐洲伽利略定位系統（Galileo）之類的導航衛星，確保車內的GPS告訴我們如何駕駛。真是幫了大忙！這些衛星的飛行高度約為20,000公里，屬於中軌道（Medium Orbit）。要讓系統順利運作，需要大量的衛星。這樣一系列相同衛星的集合，稱為衛星星座（Satellite Constellation）。讓衛星在中軌道上飛行的話，30顆衛星就足夠。若選擇較低的軌道，則需要更多衛星。

通訊衛星提供電話、電視、網路和無線電服務

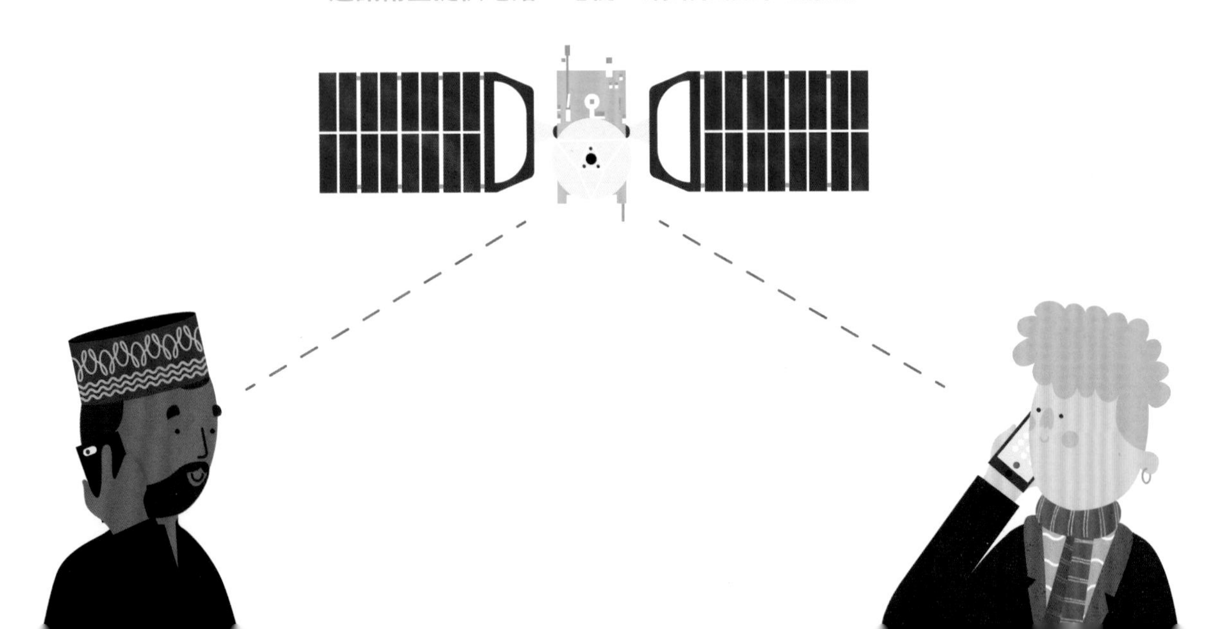

通訊衛星

通訊衛星提供長距離的電話、電視、網路和無線電服務。你已經知道低軌道衛星繞地球一周約需1.5小時。若選擇更高的軌道，則需要更久的時間，因為衛星要繞飛的距離更長。有一條特殊軌道，軌道上繞地球一周的時間，正好是一天。這時候，其實衛星是與地球一起旋轉。一個人在地球上看衛星，衛星看起來似乎固定不動。但這只是看來如此，這些衛星同時處於高速繞著地球的墜落狀態，但速度與地球本身的自轉速度一樣快。通訊衛星位於這類軌道上，它們相對於地球不會移動，所以擁有衛星電視的人無須持續調整天線。這類軌道也稱為同步軌道（Geostationary Orbit）。

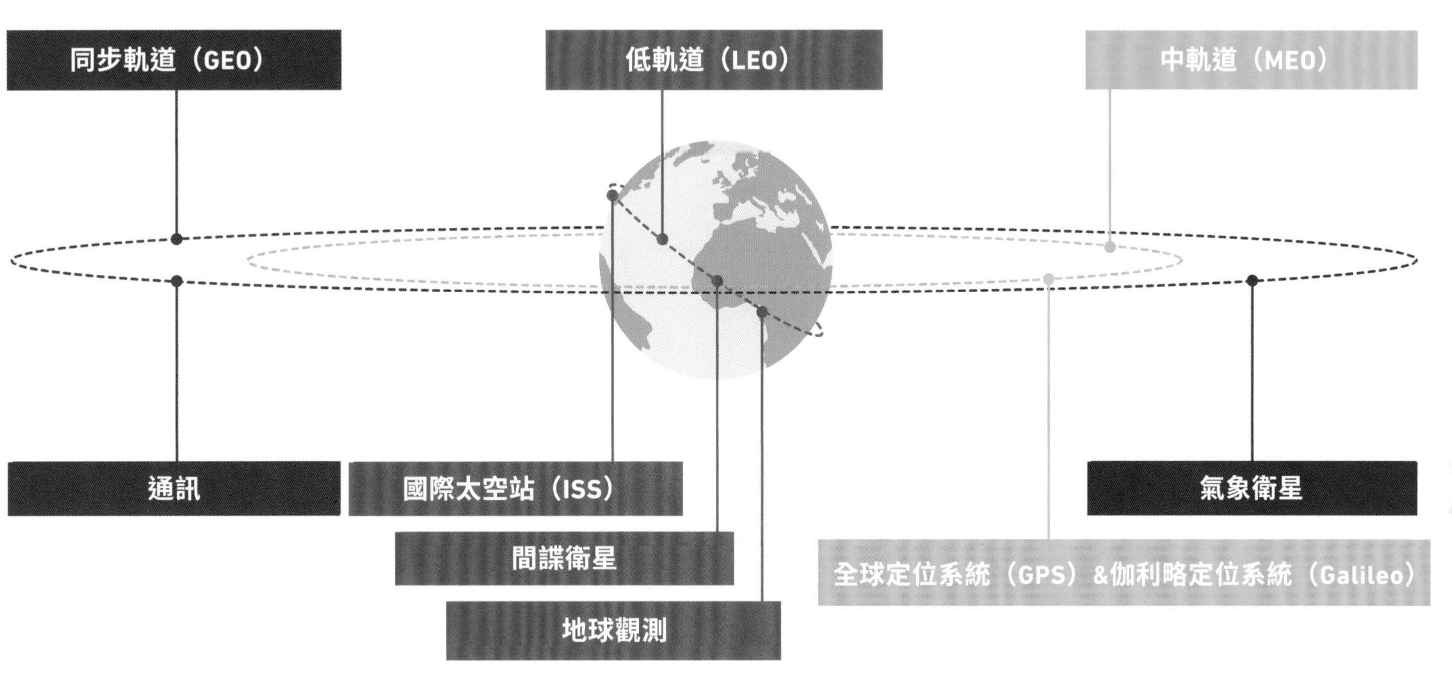

你知道嗎？

× 2012年，研究人員在衛星照片上發現，生活於南極的皇帝企鵝數量竟是猜測的兩倍。

× 發現位於中美洲的古老馬雅神廟，雖然被茂密叢林覆蓋，但在衛星圖像上依然可以辨識。

月球

這或許有點出人意料，但地球最大的衛星不是人造衛星，而是我們的月球！

哈伯太空望遠鏡（Hubble Space Telescope）

它是最強大且最大型的太空望遠鏡之一，自1990年以來繞地球運行至今。它從太空梭發射至太空，到目前為止已拍攝超過一百萬張照片。在以前所未見的深度觀測太空，發現黑暗天際並非空無一物，仔細看其實包含數十億顆星體。

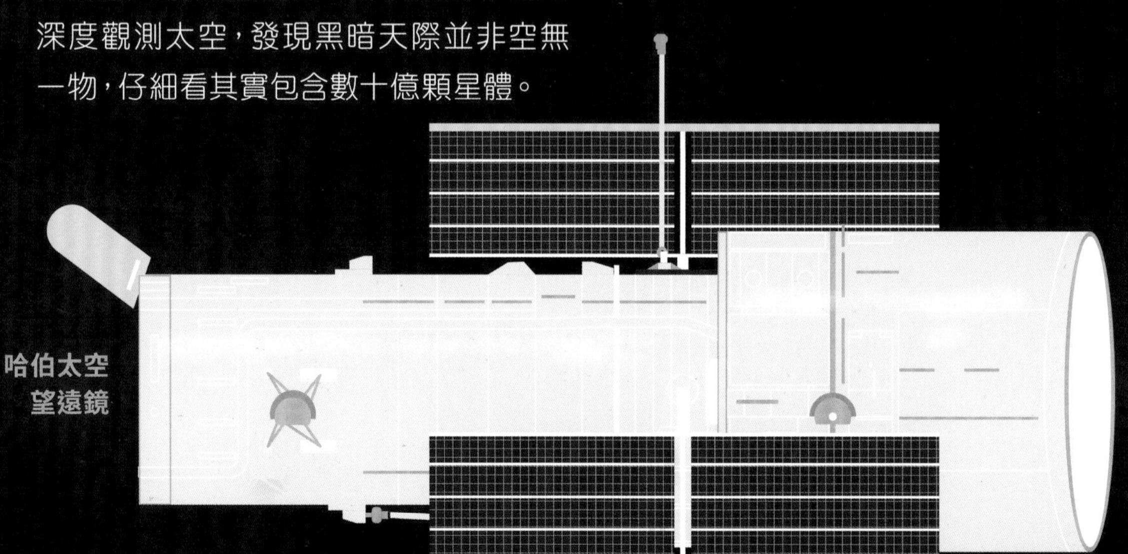

你知道嗎？

發射後的哈伯拍攝的影像有些模糊。這是由於主鏡的一個微小誤差所造成，導致鏡面會捕捉來自遠方恆星的光線。主鏡無法修復，但地球上的傑出工程師建造出擁有相同誤差的小鏡片，然後將之倒置，形成類似一副哈伯的專屬眼鏡。太空人更換小鏡片後，哈伯的影像從此看起來很清晰。

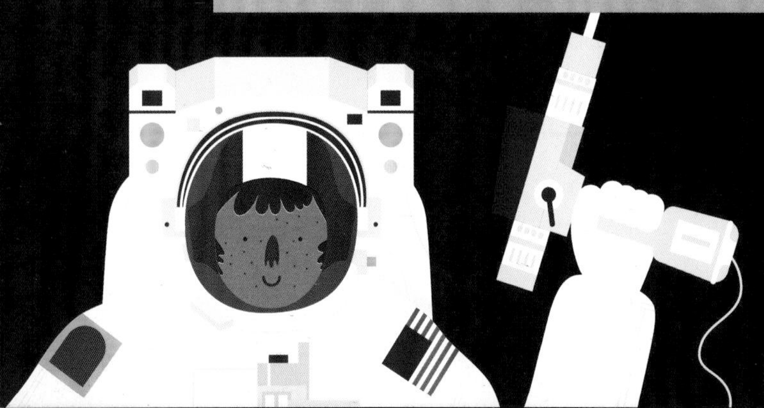

和平號太空站（MIR）和國際太空站（ISS）

最大的人造衛星是<u>太空站</u>（Space Station）。1986年，俄羅斯開始建造名為和平號的太空站（MIR），我們從這個首座大型太空站學到很多東西，但在歷經與無人的載貨太空船相撞、火災和資金短缺後，在控制之下決定將其墜海銷毀。1998年，歐洲、俄羅斯、日本、加拿大和美國共同建造國際太空站（ISS）。這座極度複雜的太空站是現今最大型又最重的人造衛星。

和平號太空站（MIR）

國際太空站（ISS）

小型衛星

除了眾所周知的大型衛星，還有一些較小的衛星因成就而聞名。PROBA-1比洗衣機小的比利時小型衛星。它發射於2001年，建造的使用期限為2年，但今日依然在運作！它是太空中作業時間最長的衛星之一，目前仍在為地球拍攝美麗照片。

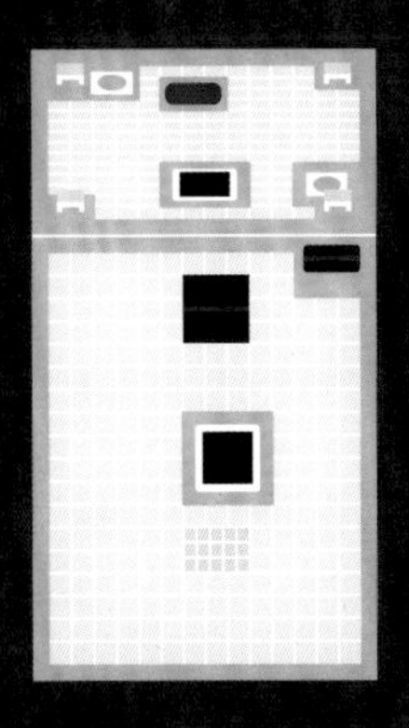

小型衛星

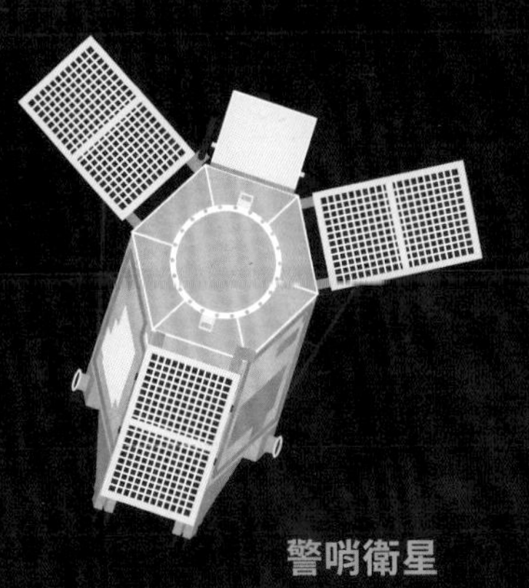

警哨衛星

警哨衛星

地球現在有許多問題，如全球暖化、森林砍伐、沙漠化、暴風雨等，最好可以隔著距離加以研究，比如運用太空中的衛星。歐洲相當關注這方面的問題，因此近年發射了5顆以上的衛星，未來幾年當然還會更多。這些衛星從獨特的位置觀測地球，讓我們得以更了解地球，未來更有能力保護地球。

工具袋

史上最奇特的衛星，無疑是太空人在國際太空站周圍太空漫步（Spacewalk）時弄丟的工具袋。工具袋漂走8個月後，在落回地球時燃燒殆盡。1965年也曾有太空人弄丟一隻手套。

工具袋

第三章
太空中的生物

太空中的動物

萊卡

蘇聯的太空犬

1950年代，蘇聯開始把狗送入太空。他們做過多次嘗試——一次比一次更成功——其中最著名的是流浪犬萊卡（Laika）的故事。萊卡是繞地球飛行的第一個生物，牠在1957年乘坐史潑尼克人造衛星2號（Sputnik 2）繞地球飛行。不幸的是，由於壓力和過熱，萊卡在數小時後死亡。當時這些實驗受到很多批評，許多人認為讓狗為太空旅行犧牲生命是不公平的。後來，著名的太空雙犬組貝爾卡（Belka）和斯特雷卡（Strelka）跟著登上太空，所幸牠們在太空旅行之後，還能以腳掌重新踏在地球上。

猴子和人類

早在蘇聯將狗送入太空之前，「亞伯特計畫」（Project Albert）便已經以猴子測試。該計畫旨在研究之後是否能將人類送入太空。不幸地——特別是對英勇猴子來說——亞伯特計畫完全失敗：最後猴子（Albert I, II, III, IV, V, VI）無一能在測試中倖存，然而太空機構（Space Agency）非常明白猴子的測試很重要，因為牠們與人類有許多相似之處，如果猴子能在危險的太空旅行中存活，人類或許也能。1959年，第一批安全返回的猴子是艾布爾小姐（Miss Able）和貝克小姐（Miss Baker）。兩年後，也就是1961年，黑猩猩漢姆（Ham）也被送入太空且安全返回。這是數個月後人類首度登上太空之前的最後一次測試。

水熊蟲

水熊蟲

水熊蟲（Water Bear）可能是地球上最奇怪的動物，但也幾乎是最頑強的動物。它們是大小介於0.01至0.15公分之間的微生物，擁有8隻腳，即使在最極端的條件和溫度下也能生存。在地球上，從兩極到赤道，從喜馬拉雅山頂到深海，牠們到處都存在。2007年，研究人員證實，即使沒有太空衣或其他保護措施，水熊蟲依然可以在太空的極端條件下生存，這使牠們成為前往火星的理想目標。

你知道嗎？

- **早在動物或人類上太空之前，1783年就曾有飛航實驗。**1783年，熱氣球的發明者法國蒙哥菲亞（Montgolfier）兄弟曾用熱氣球載1隻羊、1隻公雞和1隻鴨子，進行首度飛航測試。當時熱氣球飛到3千多公尺的高度，上面的動物都存活下來。
- **在1950年代，蘇聯將母流浪狗送入太空。**因牠們小便時不會抬腿，所以太空艙（Capsule）中不需要太大的空間。
- **微切洛克（Veterok）和烏格琉克（Ugolok）依然是保持太空飛航時間最久紀錄的太空犬。**1966年，牠們曾繞地球航行22天，時間比其他任何太空狗都久。
- **黑猩猩漢姆是以牠的訓練中心命名。**漢姆（Ham）是美國新墨西哥州霍洛曼航太醫學中心（Holloman Aerospace Medical Center）的縮寫。漢姆在1961年1月飛航之前，從這裡的其他40隻黑猩猩中脫穎而出，獲選接受大量培訓。

漢姆

太空動物時間線

1940——

果蠅是用德國V2火箭（V2 rocket）送入太空的第一個物種。亞伯特二世（Albert II）是第一隻進入太空的猴子，但由於降落傘問題，他未在旅程中存活下來。

1950——

第一隻老鼠登上太空，很遺憾牠並未生還。俄羅斯在1950年代總共發射了十二隻太空犬，第一隻在1951年。俄羅斯流浪犬萊卡是繞地球飛行的第一個生物，當時牠乘坐史潑尼克人造衛星2號（Sputnik 2），但數小時後就死了。名為艾布爾小姐（Miss Able）和貝克小姐（Miss Baker）的兩隻猴子，是第一批自太空旅行安全返回的猴子。牠們的太空飛航只持續16分鐘，其中9分鐘處於失重狀態。

1960——

史潑尼克人造衛星五號（Sputnik 5）是動物在繞地球航行後安全返回地球的第一顆衛星。著名乘客包括太空犬貝爾卡（Belka）和斯特雷卡（Strelka）。黑猩猩漢姆登上太空且安全返回。這是數月後人類上太空之前的最後測試。法國貓費莉塞特（Félicette）是第一隻太空貓，也是迄今唯一的一隻。兩隻俄羅斯太空犬微切洛克（Veterok）和烏格琉克（Ugolok）繞地球飛行22天。俄羅斯的探測器嗚號（Zond 5）是繞月球飛行的第一艘太空飛行器（Spacecraft）。太空飛行器上還載有兩隻烏龜。

1970——

第一條魚被送上太空。蜘蛛阿拉貝拉（Arabella）和安妮塔（Anita）在美國天空實驗室（Skylab）上織出第一張蜘蛛網。

1980之後——

各式各樣的動物登上太空，從老鼠到兔子都有。

2007——

水熊蟲是在無保護狀態下，完全暴露於太空中，仍然生存下來的第一種動物。

現今——

今日依然進行許多太空動物的研究，藉以進一步了解牠們對失重（Weightlessness）及輻射（Radiation）等做出何種反應。

太空中的人類

整體概要

自1961年尤里・加加林（Yuri Gagarin）首度飛航以來，已有超過 550 人跟隨他進入太空。其中絕大多數是美國太空人和俄羅斯太空人（Cosmonaut）。近年來，不同國籍的人越來越多，但目前太空仍由美國和俄羅斯主宰。總計只有12人曾經踏上月球，且有18人死於技術問題造成的事故，沒能在太空旅行中存活下來。

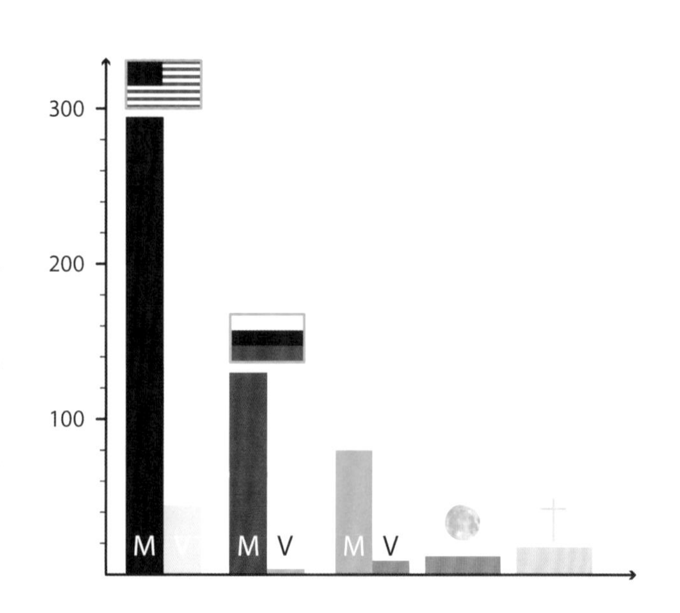

太空競賽：美國vs.俄羅斯

上個世紀的太空競賽主要在美國與俄羅斯（當時的蘇聯）之間展開。兩國都想成為第一，但榮譽只能屬於一方。俄羅斯太空人尤里・加加林在1961年4月12日搭乘東方一號（Vostok 1），成為第一個繞地球航行的人。不到一個月後，精確地來說是1961年5月5日，艾倫・謝潑德（Alan Shepard）接著成為第一位登上太空的美國太空人。第一位進入太空的女性也來自俄羅斯，1963年，太空人瓦倫蒂娜・捷列什科娃（Valentina Tereshkova）搭乘東方六號（Vostok 6）展開大約為期三天的太空之旅。

尤里・加加林
(Yuri Gagarin)
第一位登上太空的人。

1961

艾倫・謝潑德
(Alan Shepard)
第一位登上太空的美國人。

1961

瓦倫蒂娜・捷列什科娃
(Valentina Tereshkova)
第一位登上太空的女性。

1963

尼爾・阿姆斯壯
(Neil Armstrong)
第一位登上月球的人。

1969

弗拉迪米爾・雷梅克
(Vladimir Remek)
第一位登上太空的歐洲人。

1978

你知道嗎？

× **俄羅斯太空人尤里・加加林的旅程只有1小時48分鐘。**他在那段時間裡，曾經飛出地球的大氣層。

× **美國太空人艾倫・謝潑德以些微之差成為第二位登上太空的人。**他原訂於1960年4月26日（早尤里・加加林幾乎一年）搭乘自由七號（Freedom 7）飛航，但由於技術問題和準備工作，飛航被迫延期，導致他——連同美國人和美國太空總署——錯失成為登上太空第一人的榮銜。

× **俄羅斯太空人尤里・加加林頭盔上的紅色字母「CCCP」，其實是在起飛前幾個小時畫上去的？**這些字母是在最後一刻加上的，確保尤里在著陸後能被認出（萬一太空船出錯墜毀的話）。CCCP是蘇聯一詞的古斯拉夫語字母縮寫。

× **太空人的原籍決定了他的稱呼。**來自美國或歐洲的太空人以Astronaut稱呼，來自俄羅斯的太空人稱作Cosmonaut，來自中國的太空人叫Taikonaut，而法國人則以Spationaut來稱呼他們的太空人。

× **太空人「Astronaut」這個詞源於希臘文。**它是希臘字「Astron」（星）和「Nautes」（航海者）的複合詞，所以字面意思是「星海航者」。「Cosmonaut」源自希臘文的「Kosmos」（宇宙）和「Nautes」。而「Taikonaut」則源於中文的「Taikoing」，即「太空」之意。

× **繼瓦倫蒂娜・捷列什科娃之後，過了19年才有另一位女性登上太空。**直到1982年，俄羅斯太空人斯維特蘭娜・薩維茨卡婭（Svetlana Savitskaya）才登上太空。第一位美國女性太空人莎莉・萊德接著在1983年搭乘太空梭飛上太空。

× **不曾有女性登上月球。**在阿波羅任務期間，只曾有男性美國太空人登上月球。

× **女性太空人也直接稱為Astronaut。**曾有人想出Astronautrix、Feminaut和Astronette之類的稱呼，但從未真正持續使用。

不同的太空機構

最著名的太空機構無疑來自美國：美國太空總署（NASA）。美國太空總署與俄羅斯聯邦太空總署（Roskosmos）共同寫下大部分的太空史，而且一直如此。歐洲太空總署（ESA）成立於1975年，聯合不同歐洲國家為一個集體機構。但除此之外，也有歐洲國家擁有自己的太空機構，如德國（DLR）和法國（CNES）。除了美國、俄羅斯和歐洲的太空機構之外，中國、日本、印度和加拿大也有自己的機構。這對未來的太空人來說很重要，因為他們的原籍決定了擁有多少真正進入太空的機會。原籍國的太空機構規模越大，機會就越大！

莎莉・萊德
(Sally Ride)
第一位登上太空的美國女性。

1983

海倫・沙曼
(Helen Sharman)
第一位登上太空的歐洲女性。

1991

丹尼斯・蒂托
(Dennis Tito)
第一位太空遊客。

2001

尤里&葉卡捷琳娜
(Yuri & Ekaterina)
第一場太空婚禮。

2003

楊利偉
第一位登上太空的中國人。

2003

太空衣

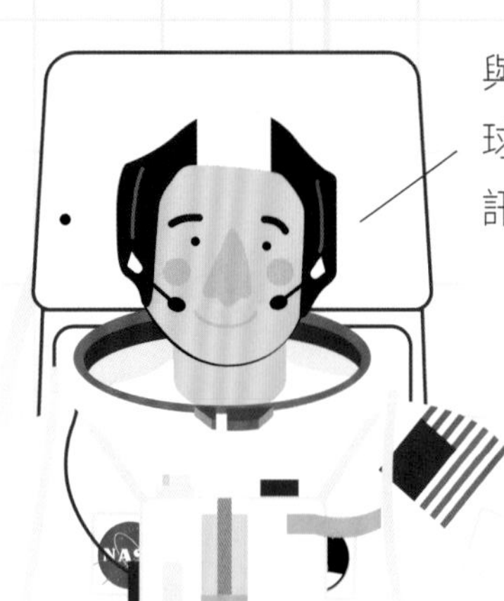

與其他太空人和地球上人們交談的通訊系統

監控所有系統的迷你電腦

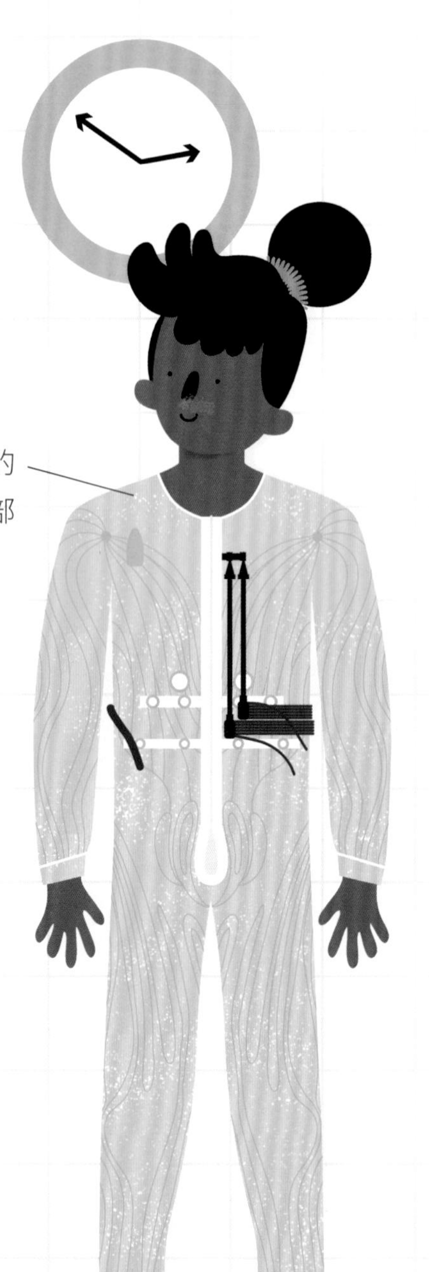

上身和手臂的太空衣上半部

內置太陽防護功能的頭盔，通常鍍上一層金色

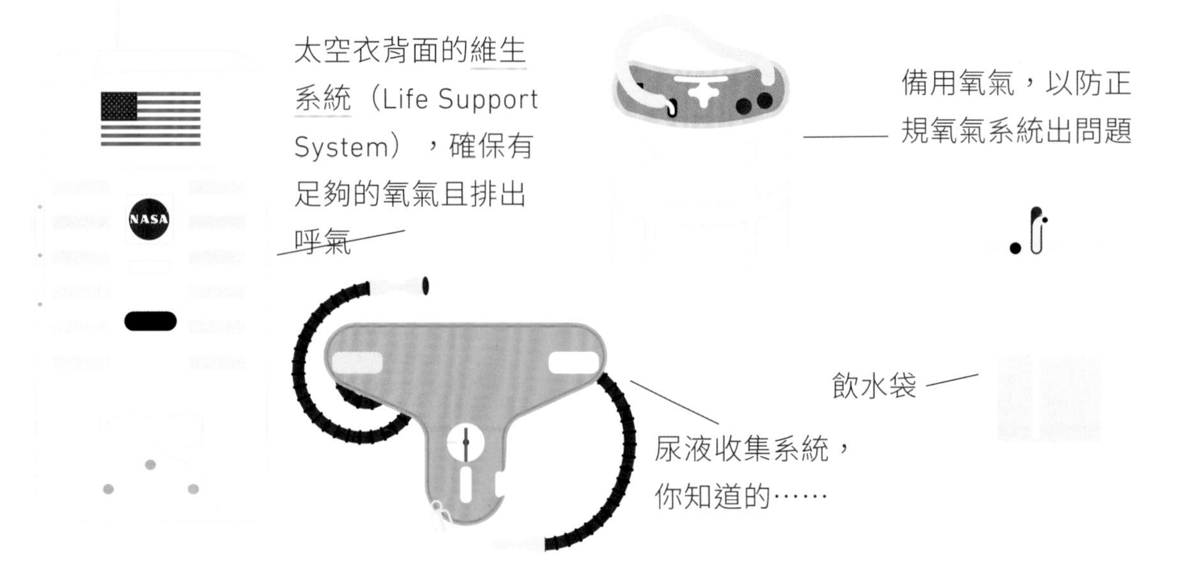

你知道嗎？

× **太空中的太空人暴露在攝氏200至-200度之間的溫度。**因此，太空衣不是非必要的奢侈品，而是保護太空人免受極端溫度傷害的必需品。

× **有的太空衣重達145公斤。**用於太空漫步的美國太空衣（EMU太空裝）重量不少於145公斤。相對地，俄羅斯的太空衣（Orlan太空裝）重量稍輕，僅僅重120公斤。

× **太空人在太空衣裡穿某種尿布。**在某些情況，太空漫步可能需要長達12小時，但憋尿（或憋便）可能會導致健康問題，所以太空人需要穿一種特具吸收力的尿布，稱為MAG。

× **太空人頭盔進水會危及生命。**技術缺陷（如冷卻系統）導致太空人頭盔進水的情形曾經發生多次。這不僅妨礙視線，還會阻礙他們的氧氣供應。所以他們的頭盔裡設有某種通氣管，連接到太空衣的其他部分，如上半身。他們的頭盔裡也有一塊吸水布，能夠吸收漏水，以期保持視線清晰。

× **頭盔裡有一小塊魔鬼氈，讓太空人鼻子癢的時候可以撓鼻子。**太空漫步期間，太空人不能任意脫下手套，打開頭盔，因為那會危及生命。但是如果他們的鼻子發癢，該怎麼辦？這個嘛，解決方式是用鼻子摩擦頭盔裡頭的一小塊魔鬼氈，以安全的方式擺脫鼻子搔癢！

× **今日用在國際太空站周圍太空漫步的太空衣，共有14層。**大部分的衣層用以保護太空人免受溫度波動的影響。其他衣層提供防止壓力波動、火災和微隕石（Micrometeorite）可能影響的保護。微隕石的顆粒很小，但可能導致太空衣破洞或傷害太空人，影響甚鉅，有危及生命的風險。

前往月球：阿波羅任務

登月前的準備階段

水星（Mercury）計畫是美國太空總署的第一個載人航太計畫（Spaceflight Program），從1958年執行到1963年。七名太空人獲選，每人被指定一個字母代號（G, K, R, S, U, Z, EE）。水星計畫的主要目標是將人類送入繞地球的軌道，研究人體在太空中會發生什麼事。繼水星號的飛航之後，接著是在1961年至1966年間執行的雙子星（Gemini）計畫，每次飛航的組員（Crew）都是由兩名太空人組成（Gemini這個詞在拉丁語中意思是「雙胞胎」，該計畫如此命名的原因正是雙子星號上備有兩個座位）。雙子星計畫的主要目標是開發能夠讓太空人登陸月球的正確技術。

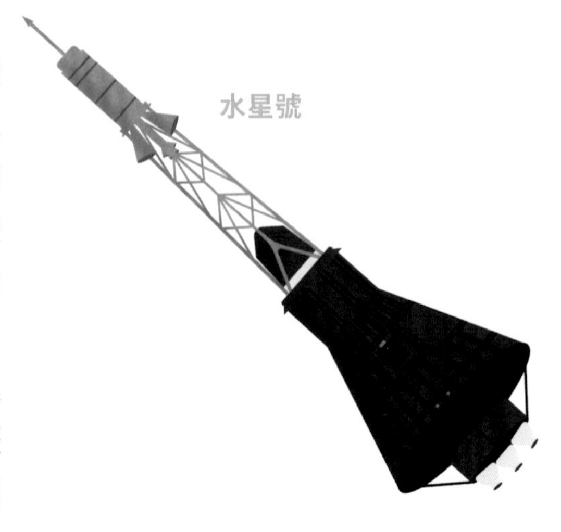
水星號

阿波羅計畫

阿波羅（Apollo）計畫是美國太空總署的第三個載人航太計畫，大概也是最著名的。所有人都知道計畫目標：讓人類登上月球，再把他們安全送返地球。這個目標在1969年阿波羅11號任務期間，由尼爾．阿姆斯壯成功達成，之前也有多次其他飛航嘗試。1960年至1972年間，共有17次阿波羅任務，該計畫的首次載人任務是1968年的阿波羅七號任務。阿波羅8號是首度繞月球飛行的載人任務。1969年7月21日，這個時刻終於到來：尼爾．阿姆斯壯成為第一位踏上月球的人。

尼爾．阿姆斯壯

月球
土星5號火箭
阿波羅 11 號任務：從地球到月球的路徑
從月球到地球的路徑
地球
UNITED STATES
USA

阿波羅13號：
「休士頓，我們有麻煩了！」

這個經典的句子是太空人吉姆·洛維爾（Jim Lovell）在1970年阿波羅13號任務擔任指揮官時所說的。就在組員登陸月球之前，氧氣瓶爆炸。對於太空船上的太空人來說，這是非常緊急的情況，但幸好當時月球登陸載具（Lunar Lander）還在太空船上，他們設法運用登陸載具的部件自救，且用登陸載具的引擎返回地球。阿波羅13號的任務故事，後來還拍成一部很受歡迎的好萊塢電影。

目前為止登上月球的最後一人

1972年的阿波羅17號任務是最後一次阿波羅任務，同時也是最後一次人類登月行動。當時組員待在月球表面將近75小時，主要目的是收集月球岩石。他們帶回數量創紀錄的月球岩石，這些岩石迄今依然是研究人員的重要資訊來源。

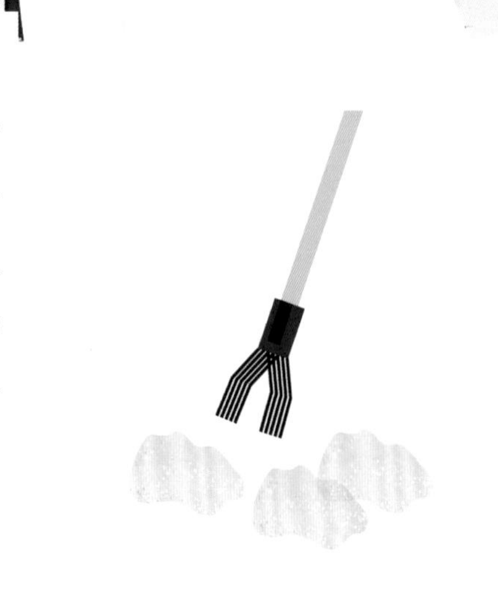

NASA

美國太空梭和俄羅斯聯盟號

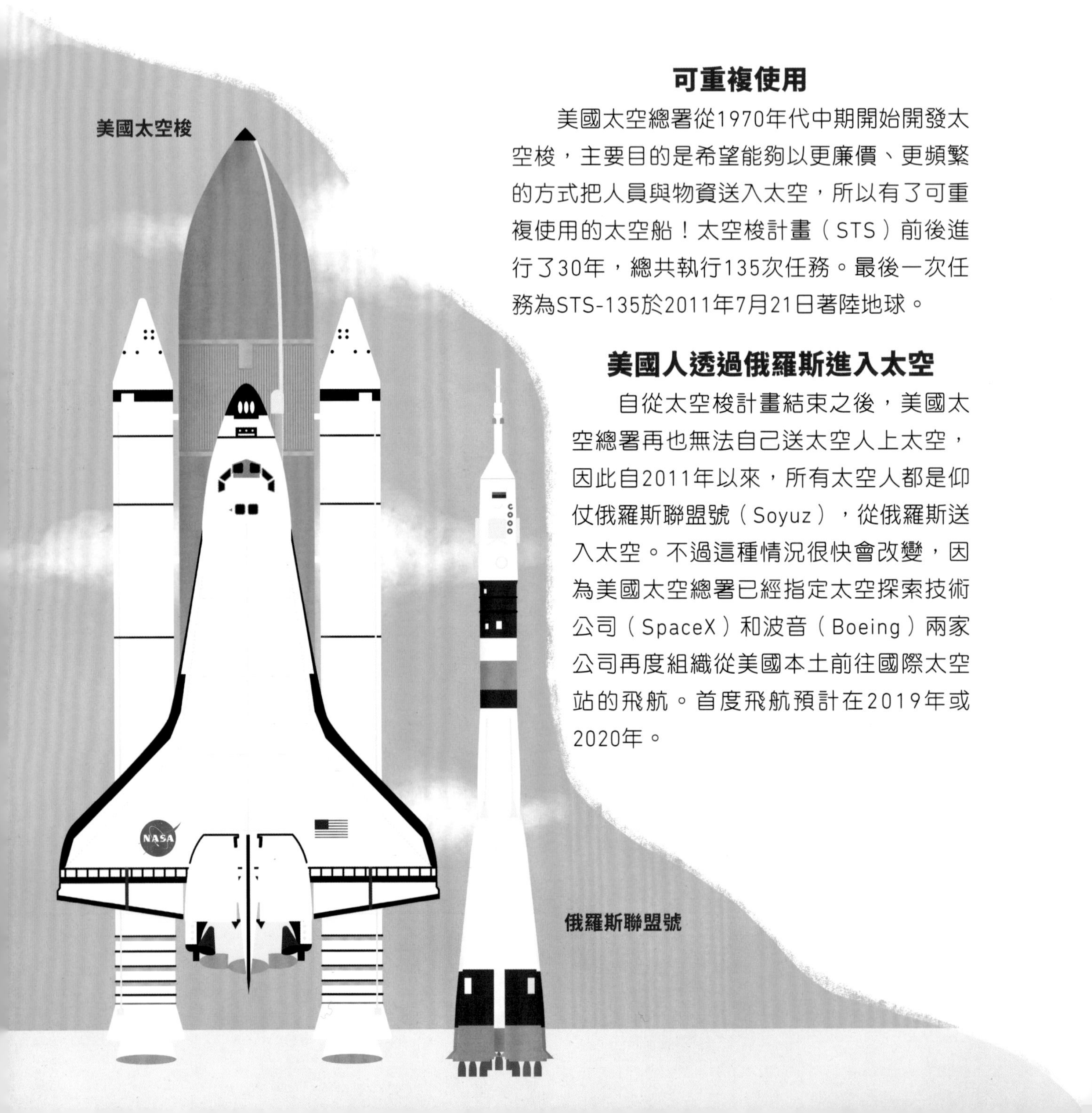

美國太空梭

俄羅斯聯盟號

可重複使用

美國太空總署從1970年代中期開始開發太空梭，主要目的是希望能夠以更廉價、更頻繁的方式把人員與物資送入太空，所以有了可重複使用的太空船！太空梭計畫（STS）前後進行了30年，總共執行135次任務。最後一次任務為STS-135於2011年7月21日著陸地球。

美國人透過俄羅斯進入太空

自從太空梭計畫結束之後，美國太空總署再也無法自己送太空人上太空，因此自2011年以來，所有太空人都是仰仗俄羅斯聯盟號（Soyuz），從俄羅斯送入太空。不過這種情況很快會改變，因為美國太空總署已經指定太空探索技術公司（SpaceX）和波音（Boeing）兩家公司再度組織從美國本土前往國際太空站的飛航。首度飛航預計在2019年或2020年。

從亞特蘭提斯號到奮進號

美國太空總署建造過多架太空梭，其中共有五架曾經登上太空。第一艘繞地球飛航的太空梭是1981年的哥倫比亞號（Columbia），隨後是1983年的挑戰者號（Challenger）、1984年的發現號（Discovery）、1985年的亞特蘭提斯號（Atlantis）和1992年的奮進號（Endeavour）。美國太空總署也曾建造兩架用於測試、未曾飛上太空的太空梭：企業號（Enterprise）和探路者號（Pathfinder）。

致命事故

太空梭計畫期間，曾經發生兩起致命事故，即挑戰者號和哥倫比亞號太空梭。挑戰者號在1986年發射後僅僅1分鐘就爆炸，事故導致七名組員全體喪生。2003年，哥倫比亞號經過16天的太空旅行之後，在預計著陸前15分鐘，與美國太空總署失去聯繫，七名太空人同樣遇難。俄羅斯的聯盟號計畫也未能倖免。聯盟1號在首度的載人飛航返回地球時，一名俄羅斯太空人因太空船的降落傘失效而喪生。在早期1971年，聯盟11號任務在返回地球大氣層之前發生技術故障，導致三名組員遇難。他們是唯一在卡門線以上死亡的人類。除了這起事故，聯盟號是世界上最安全的航太計畫。

搭乘聯盟號去月球？

自1960年以來，聯盟號太空船一直是蘇聯航太計畫的一部分，現在則屬於俄羅斯計畫。最初，聯盟號太空船是為執行載人登月任務，與美國阿波羅任務相競爭而製造，但並未成功。

組成三部分

聯盟號由三部分組成：

一、俄羅斯太空人在任務期間的居住艙。為他們的生活空間，非常狹小。

二、確保組員能夠返回地球的返回艙。

三、所有設備引擎都位於其中的技術設備艙。

經由哈薩克飛往星空

所有聯盟號的航空器都是從哈薩克斯坦貝柯奴太空船發射基地（Baikonur Cosmodrome）發射。自1955年建成以來，該基地一直是世界上歷史最悠久、規模最大的火箭發射場。從蘇聯解體後，俄羅斯每年都要支付數百萬歐元，向哈薩克租用發射場。目前，太空船發射基地正在擴建中，兩國已達成協議，未來將共同規劃發射工作。

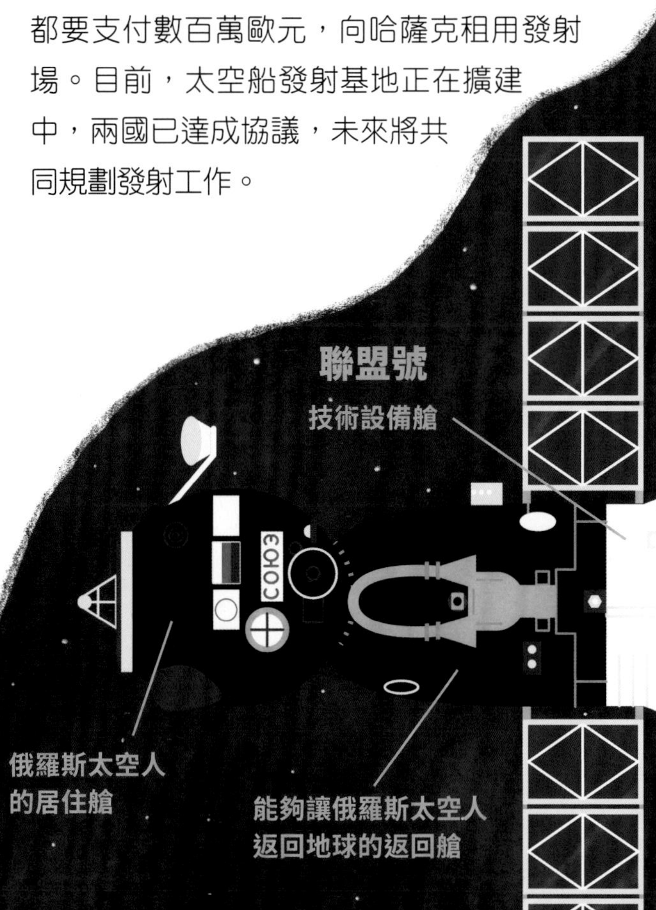

國際太空站（ISS）

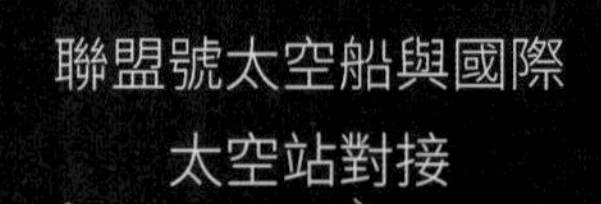

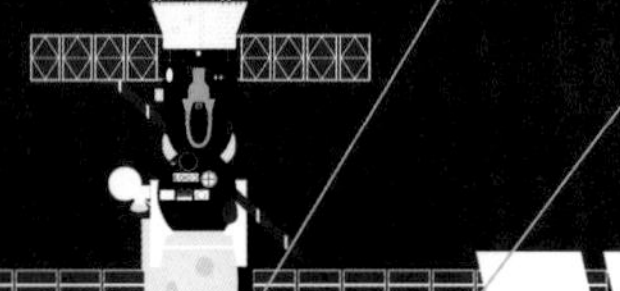

聯盟號太空船與國際太空站對接
曙光號功能艙：國際太空站的第一個艙組，由俄羅斯建造，1998年發射。此外，俄羅斯還提供了備有廁所、健身設施和兩個舖位的星辰號服務艙（Zvezda Module）
散熱器：散熱作用，讓太空站不會變得太熱
哥倫布號實驗艙：用於科學實驗的歐洲艙組
對接口(Docking Port)：讓太空船與太空站對接
命運號實驗艙：用於科學實驗的大型美國艙組
希望號實驗艙：用於科學實驗的日本艙組

團結號節點艙：非常重要的連接器，6面有對接口，用以相互對接太空中的不同艙組。團結號節點艙算是國際太空站各大艙組連接的中心地。

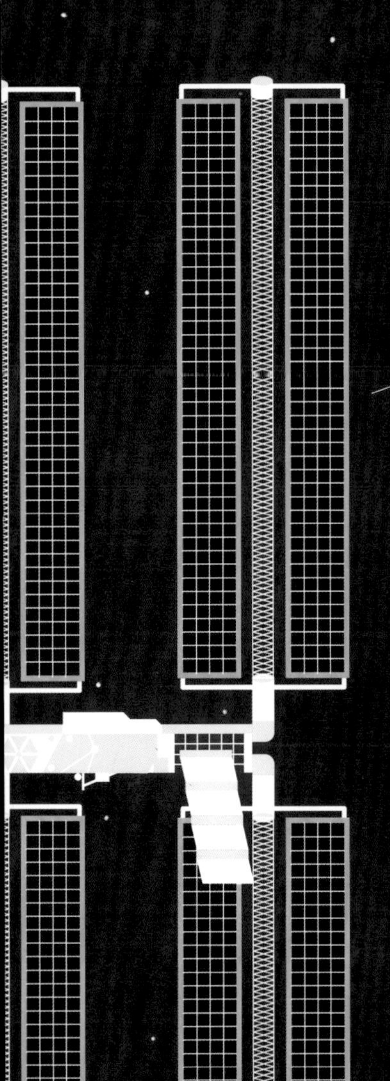

太陽電池板：提供電力

站上的太空人

近年來，國際太空站上通常有六名太空人。以三名三名組員方式替換：在三名新組員抵達之前，待最久的三名組員先離開。一般來說，太空人出勤國際太空站上四到六個月。2015年3月，美國太空人史考特．凱利（Scott Kelly）和俄羅斯太空人米哈．柯尼揚科（Mikhail Kornienko）抵達國際太空站，他們都在站上待了一年，參與一項研究長期停留太空對人體之影響的獨特科學實驗。

你知道嗎？

× **有時你可以在深夜或清晨看到國際太空站。** 它是天空中一顆超級明亮的星星，在10分鐘內從天空的一側飛到另一側。這時候，地球天色已暗，但國際太空站還在陽光下飛行，就會反射陽光，你便能夠看到它。

× **要把國際太空站的所有部件送入太空，需要發射超過30次。** 基本上大部分的主要部件都是用太空梭發射送達。

× **國際太空站估計耗資近千億歐元。** 這也是有史以來最昂貴的創作。

× **目前在實驗「體積很小，發射後再充氣膨脹」的充氣艙。** 通常裝不進火箭的部件，可以用這種發射方式送去。

00:19:16

第四章

如何成為太空人？

適合的特質

這不是一份簡單的工作

太空人不是一份簡單的工作。工作艱苦、複雜，還涉及許多風險，所以太空人當然必須具備許多適合的特質和技能，經過良好的訓練之後，才能上太空冒險。

選拔

太空人選拔的方式取決於太空機構。例如，美國太空總署的選拔程序與歐洲太空總署略有不同。太空人選拔的頻率也取決於太空機構，以及太空人的需求人數。目前，比起加拿大或中國的太空機構，美國太空總署和俄羅斯聯邦太空總署能夠送更多的太空人上太空。一般來說，太空機構每10年進行一次選拔，但沒有固定的時程。例如，歐洲太空總署的最後一次選拔是在2009年。

熱情和積極主動

除了具備眾多技能和良好健康之外，最重要的是，太空人必須熱情且積極主動。太空人是需要全心投入該職業，願意為此付出一切的人，但他們通常也是熱情友好的人，否則沒有人想與他們上太空，並且關在一起六個月以上。要成為太空人，你必須擁有全方位實力。

你知道嗎？

× **過去太空人幾乎總是（戰鬥機）飛行員。**飛行員培訓依然可以幫助你成為太空人，但今日的科學訓練提供你一樣多的機會。

× **太空人候選人有時必須完成非常奇怪的任務。**像是在警鈴巨響的房間裡解複雜數學、持續把腳放在冰水中7分鐘、獨處一週且同時摺一千隻紙鶴等。

× **有史以來最年輕的太空人才25歲。**他是1961年登上東方2號（Vostok 2）的俄羅斯太空人戈爾曼．季托夫（Gherman Titov）。平均而言，太空人獲選時約為35歲。

心智堅強

身為太空人，你必須能夠承受壓力，在危險環境中工作，也能長時間限制在狹小空間裡，遠離自己的家人和朋友。

健康良好

當然，太空人必須身體健康，而且強健如運動家。尤其，無論候選人多麼有能力，眼睛和心臟問題都會使他們在選拔過程中喪失資格。

聰明

太空人無疑要很聰明。他們必須擁有各方面的廣泛知識，但也要有洞察複雜現象和思考問題解決的能力。

教育

太空人必須完成大學學業。只要他們有擅長的領域，特定學科並不重要。大部分的太空人也有飛行員的經驗，有時甚至曾經在軍隊服役。

善於溝通

這看似是一項奇怪的特質，但未來的太空人必須非常善於溝通。在危險且可能性有限的情況下，他們必須問出對的問題，才能得到對的答案。

靈活反應

若想成為太空人，你必須擅長很多不同的事情，且能夠靈活反應。從其他太空人同仁接手任務或在危險情況下採取行動，都是其中一部分。

太空人的訓練

為期4年

你可能已經知道，不是一朝一夕就能成為太空人。一般來說，太空人的基本訓練為期約3至4年，而且有很多東西要學！所有太空機構會規劃各種培訓和模擬（Simulation）。太空旅行有各種面向，從失重到長時間限制在狹小空間裡，並且須與家人和朋友分離，每一項相關訓練都很重要。

語言

國際太空站上使用兩種官方語言：俄語和英語。因此，所有太空人都應當懂俄語，同時會說俄語，即使非俄羅斯人也是如此。如果發射時搭乘聯盟號，這一點也很重要，因為操作系統是用俄文書寫。所以，太空人一旦獲選，如果還不會說俄語，通常會立刻開始學習。

醫療作業

目前太空中還沒有醫生、醫院或救護車。所以，太空人生病或受傷的話，必須能夠自行救護。每一位太空人都必須具備意外事故的急救施行能力，有的太空人在任務期間還負有「醫務官」的職務。他們必須能夠自己執行小型手術，如縫合傷口或拔牙。

飛行模擬器和對接

目前，搭乘聯盟號的太空旅行多為自動駕駛，且在大多數情形下，對接（將聯盟號連接到國際太空站）可以在太空人什麼也不做的情況下完成。顯然，這類情況沒有冒險或疏忽的餘地，所以太空人會在飛行模擬器中接受完整訓練，藉此學習到這一行的所有訣竅，以及堅穩沉著的手腕。畢竟，最輕微的動作都可能導致太空飛行器偏離軌道或錯過對接點。

打理雜務

目前太空中也沒有水電工或資訊科技專家，因此太空人必須能夠自行打理雜務。當然他們在訓練中也會學到這一點。在國際太空站上出現問題時（想想看滲漏或短路的情形）尤其重要。此外，太空人經常在太空漫步期間修復國際太空站的外部缺損。

求生訓練

實際上，你可以將太空旅行視為一場大型又漫長的極限生存探險，那麼太空人要做求生訓練並不足為奇。想想真正的求生訓練，如在軍中必須露天睡覺、自謀食物，或者另一個例子：歐洲太空總署在2009年選出的六名太空人要待在洞穴中數日數夜。這裡格外重要的是，他們學習到如何處理危險情況，體驗到在艱困環境下工作與進行科學研究的感覺，以及學會如何捍衛自己、團隊合作和良好溝通。

你知道嗎？

× **太空人在國際太空站上還會說第3種語言。**太空人時常開玩笑道，他們還會說結合俄語和英語的「Renglish」。

× **在太空中做心肺復甦術並不容易。**國際太空站的失重狀態導致太空人四處漂浮，所以執行心肺復甦術絕不容易。在這種情況下，固定住太空人可能會更有幫助。

× **太空人使用遠距照護。**太空人在太空中需要醫療協助時，總是會透過遠距通訊諮詢地球上的醫生。例如，醫生可以提供建議或指導醫療處置，這是所謂的遠距照護。將來，國際太空站上有人需要進行手術的話，甚至可以由地球上的醫生或外科醫師操作機器人進行。

準備工作和模擬

水下訓練

太空人接受的一項訓練是水下訓練。美國太空總署為此在佛羅里達海岸附近的水下約20公尺處，設置一個名為Aquarius的研究站。相關訓練也被稱為NEEMO4，不過，這與橙色小丑魚尼莫（Nemo）無關。未來的太空人為太空旅行做準備時，時常在水下駐站停留幾天。畢竟，兩者有很多相似之處：駐留增加許多風險、太空人無法任意離開駐站，就像潛水員無法快速返回水面一樣，而且太空人可以模擬水下失重的感覺。

如魚得水

太空人可以藉由在沉浮之間建立完美平衡，又稱中性浮力（Neutral Buoyancy），為太空失重做好準備。要如何做到？這個嘛，太空服裡頭總是有空氣，所以，太空人穿著太空衣下水時，他們只會浮在水面。這沒什麼特別的。但是，透過太空衣增重，太空人可以確保自己不會下沉，也不會浮到水面，而是停留在水下的同一點。這不僅與太空漂浮相仿，也是練習太空漫步的絕佳機會——如魚得水一樣！

為了科學躺在床上

太空人的身體在太空旅行期間經歷的許多變化，很類似地球上長時間沒有活動的人身上會看到的變化——這裡指的是長期臥床的人，如某些老人或者受傷的人，他們的肌肉量會緩慢下降。透過讓健康的受試者持續臥床數週甚至數月，科學家可以非常精準地測量出他們的身體發生什麼變化。更重要的是，他們還可以測試怎麼做有助於避免不必要的負面後果，例如，藉由給予臥床者某些食物、量身打造適合的運動計畫或人工產生重力等方法。誰會想到躺在床上也能對科學有如此重大的意義？

離心機：不停旋轉

太空人不只會暴露在失重狀態，發射與著陸過程中也會受到高G力（加速度力）的影響。為此，他們將在所謂離心機的設備中進行訓練。離心機（Centrifuge）以極快速度不停旋轉，讓你感覺像是自己在加速，就像在雲霄飛車上，當你被壓在座位上，會感覺自己很重。有時候，太空人在離心機中會承受高達8倍的重力。每次增加G力，感覺就像一塊沉重的石頭壓在胸口上一樣。G力極高時，流向頭部和眼睛的血液會減少，從而影響視力。最初，太空人只看得到灰色痕跡，然後能夠在隧道視野中觀看周圍環境，最終甚至可能失去知覺。幸運的是，太空人學到一種特殊的呼吸技術，讓他們能夠避免這種情況，應對高G力會更加順利。

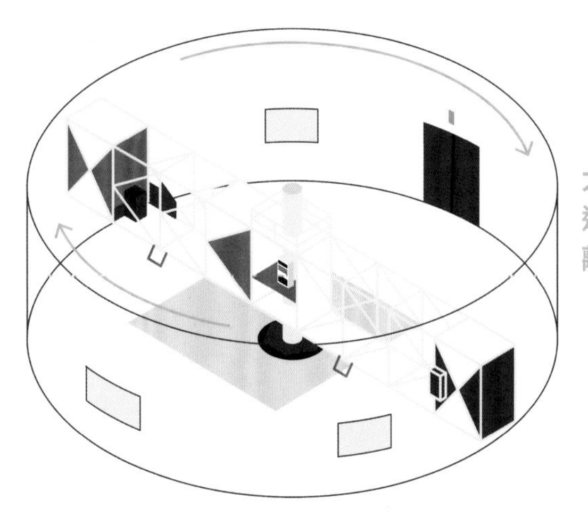

太空人在其中進行訓練的離心機

嘔吐彗星

拋物線飛行（Parabolic Flight）是另一種典型的太空人訓練形式。太空人用這種方式來為失重做準備。在拋物線飛行期間，一架飛機（有三名飛行員）會做出特殊移動——正如你所猜到的：拋物線式的移動。在拋物線的頂端，沒有任何力作用在飛機、機上物品和乘客上，所以會有將近20秒處於失重狀態。這是一項有趣的體驗，但並非沒有風險：許多人會感到噁心想吐！這就是為何有時拋物線飛行被戲稱為「嘔吐彗星」（Vomit Comet）的原因。

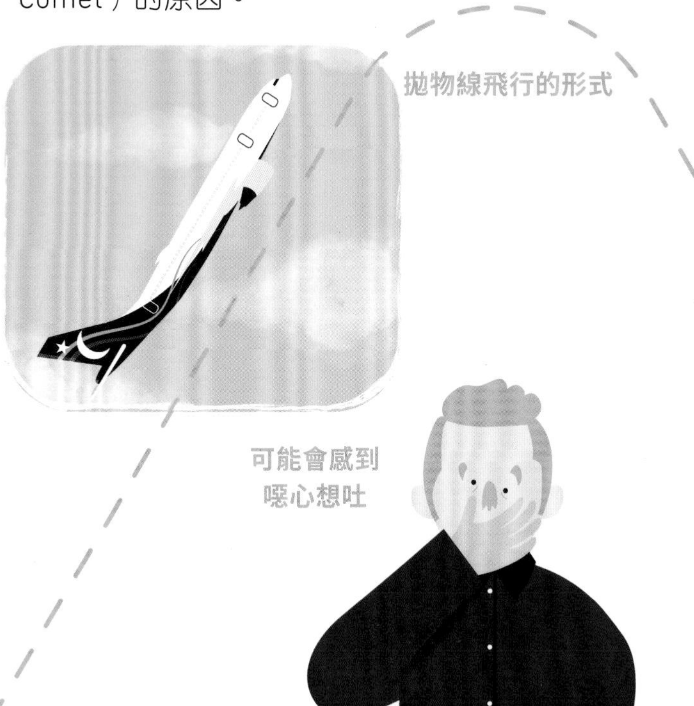

拋物線飛行的形式

可能會感到噁心想吐

隔離：遠離家人和朋友

近年來，對於太空人長時間限制在狹小空間，遠離家人、朋友、甚至地球，人們越來越關注太空人如何反應。當人們想要冒險去火星或其他星球時，這一點尤其重要。即使以當前技術，這樣的任務也要花上數個月，甚至數年的時間。這不是一件容易的事，當然也未必適合所有人。如果是你，能夠離開家人和朋友那麼久嗎？

向極地探險家學習

研究人們如何因應極限環境的一個好方法是，看看極地探險家如何處理。他們同樣要應對極限環境數個月，如嚴寒氣溫、數月不見陽光、在緊急情況無法輕易獲救、隔離和限制在狹小空間數月。近年來還規劃了模擬任務，一群人佯裝在火星或月球上。這類模擬已經出現在美國猶他州的沙漠、莫斯科、夏威夷、波蘭等地。

EXIT
OVHD
4060
173
4139

第五章
太空任務
4159
4018

出發前幾天：檢疫和道別

為了保護太空人，並確保不會有細菌帶上太空，太空人在出發前須檢疫（Quarantine）約14天。意思是他們將與外界隔絕，只能有限地接觸那些做好必要防範措施的人，這也意味著，若自己的孩子是12歲以下，太空人只能在玻璃後面看著他們、與他們交談，因為孩子身上常常帶有細菌。太空人之後得長時間遙遙思念家人和朋友，加上太空任務並非毫無風險，事情總是有可能出錯，這也讓道別難上加難。

出發日

經過多年訓練，終於來到這一刻：發射！太空人真正上太空之前，他們必須經過一連串的特定程序。例如，進行全面健康檢查，以及經過特殊處理，確保他們不帶任何細菌入太空：他們連洗澡都是使用消毒過的肥皂，以保持身體無菌。吃完最後一頓地球餐，他們與家人道別，向媒體打招呼，還有，穿上太空衣。

傳統與迷信

到了即將發射的時刻，太空人有某些奇奇怪怪的習慣。例如，其中一項傳統就是男性太空人在載他們前往火箭的巴士右後輪上廁所——這對於女性太空人來說有點困難——尤里．加加林就在1961年4月12日代表性的太空旅行前曾經這樣做過，從此太空人都不敢跳過這項傳統，擔心會帶來厄運。其他傳統還有植樹、參加俄羅斯東正教彌撒（從貝柯奴出發時）、打撲克牌（從休士頓出發時）或在出發前吃特定的餐點（在貝柯奴是一套豐盛早餐、在休士頓是牛排加雞蛋和一塊蛋糕）。

阿波羅7號組員

你知道嗎？

× **上太空不需要護照。**所以太空人不必擔心忘記護照。

× **每個太空任務都有後備組員。**太空機構總認為有哪裡可能出錯，所以每名組員都有一名後備組員。如果原組員不能飛，後備組員將接手。

× **後備組員會搭乘另一架飛機飛往發射台。**太空機構謹慎行事，確保使用不同的飛機。

× **1968年阿波羅7號全體組員都得了重感冒。**所以檢疫真的不可或缺！

準備火箭

發射前幾天，火箭會進行全面測試，只要有一點問題，發射時間就會延後。畢竟發射過程不能出任何錯！衛星（無人任務）或太空船（載人任務）放到火箭上後，火箭被移往發射台。僅僅數公里的距離，通常由特殊火車或移動平台來完成。大多數的火箭在運送時多已垂直放立，只有俄羅斯火箭——如聯盟號——是水平運送，直到抵達發射台後才垂直放立。

你知道嗎？

歐洲織女星（Vega）火箭不用火車運送，而是裡頭有火箭的建築物向後滑移。箭發射前，先是立在大廳裡。然後巨大的門打開，建築物慢慢向後滾動，而火箭留在原地，幾小時後起飛。

天氣

火箭只有在天氣好的時候才能起飛。通常下雨不是問題，但風太大會延後發射。不過，可能導致發射延後的原因數以百計，因此發射指揮官會在發射前逐一清查各方面的狀況，呼叫專家們回應「發射」（Go）或「不發射」（No Go）。每一項條件都吻合時，火箭才會發射。

你知道嗎？

將人類送上月球的阿波羅火箭之一，曾在發射過程中被閃電擊中。當時電腦曾經短暫中斷，但火箭繼續穩定飛行，最後發射成功。

發射台上的土星5號

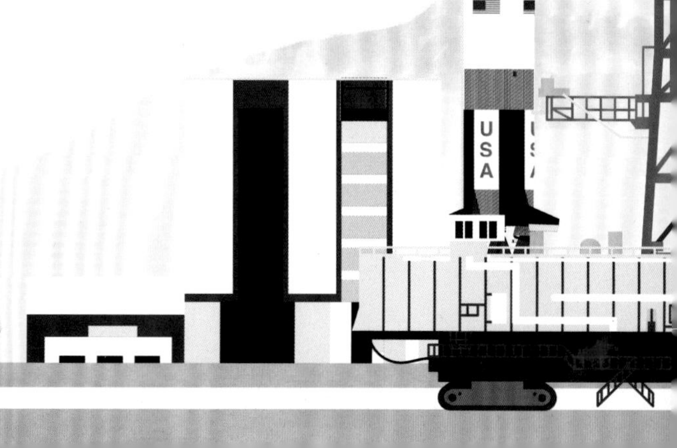

抵達國際太空站

對接

將太空船與國際太空站連接，稱之為「對接」。這依然是相當艱鉅的工作。一艘前往國際太空站的太空船以每小時28,000公里的速度飛行。幸好，國際太空站的飛行速度也是如此之快，所以兩者相對來說算是緩慢移動。對接就像兩台行急速行駛的卡車，最後彼此輕輕接觸，而非相撞，然後繼續併行。太空船有雷射和自動系統，以確保連接的過程是全自動的。太空人只要在可能會出錯時才出手干預——這已經發生了幾次——對接成功後，終於來到這一刻：太空任務真的要開始了！

太空船正要對接到國際太空站

太空病

你可能會以為太空人歷經辛苦的旅程和發射過程，現在有點時間鬆口氣。但其實，他們正處於失重狀態，導致他們抵達國際太空站時，感覺相當難受。

在地球上，我們的部分前庭系統（位於耳中）會不斷測量重力，再傳訊至大腦，所以我們不用眼睛也可以分辨上下。但當重力突然消失時，太空人會經歷「太空病」（Space Sickness），那就像暈車或暈船，出現噁心、頭暈、頭痛、甚至嘔吐等症狀，尤其嘔吐最讓人不舒服，特別是胃裡頭的東西不受控到處飄的時候！幸好在某些藥物幫助下，大腦自己很快就能適應新的情況，幾天之後，太空人就會好轉許多。

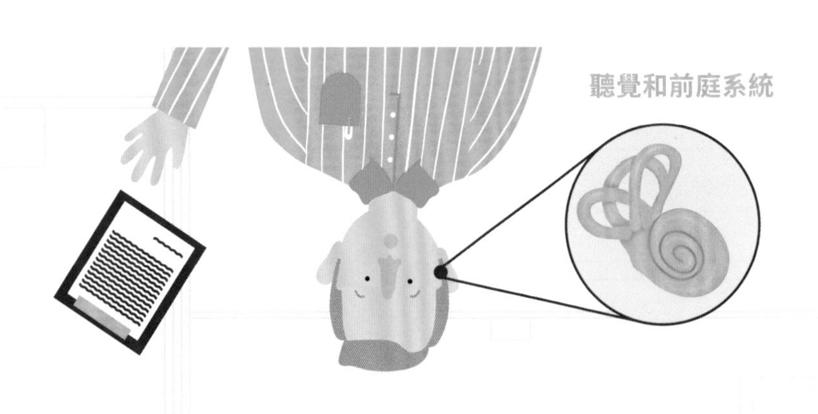
聽覺和前庭系統

任務控制中心

每一天，太空人都必須與任務控制中心（簡稱 MCC）進行通訊。藉由這種方式，地球上的人可以掌握最新情況，也能向太空人簡要說明相關資訊。任務控制中心共有五處，散布在世界各地：位於德國奧伯法芬霍芬（Oberpfaffenhofen）、美國休斯頓（Houston）和亨茨維爾（Huntsville）、日本筑波（Tsukuba），以及俄羅斯莫斯科（Moscow）。

地球上的控制中心

你知道嗎？

× **有的太空船無法自動對接國際太空站。**這些太空船飛進國際太空站後，會被國際太空站的機械手臂抓住，並將之連接到正確的對接口。

× **從國際太空站看不見萬里長城。**有人說，從國際太空站可以看見萬里長城，可惜那只是神話。你可以看見的是城市（因為亮光叢聚）、沙漠、水面，還有颶風。

× **太空人抵達國際太空站後，前幾天無法進行太空漫步。**主要是由於太空病，比如，太空人若在太空漫步時嘔吐，可能會造成氣管阻塞，有致命風險。

× **國際太空站的時間通常以格林威治平均時間（GMT）表示。**也是英國使用的時間。這是出自各國與太空機構之間的協議。有時候時間會做調整，像是以往太空梭從美國出發的時候。國際太空站上的時間，沒有按照冬夏令的日光節約時間。

× **太空人在國際太空站上不必穿太空衣。**畢竟在國際太空站中，他們受保護免於受到太空真空的影響，所以可以穿著一般服裝。

× **英國太空人提姆·皮克（Timothy Peake）執行太空任務期間在跑步機上跑了一趟馬拉松。**他是與2016年的倫敦馬拉松一起跑。其他太空人之前也曾跑過，但提姆·皮克跑得最快，用3小時35分21秒就跑完了。

一天的生活……

太空人的日程忙碌，總是有一大堆實驗和活動。他們一天絕大部分的時間都在做實驗和維護國際太空站。實驗可能是在他們身上所做的生醫研究（Biomedical Research），也可能是天文或物理研究。

太空人也每天做運動。做運動不只是因為他們愛好運動，主要更因為這對他們的健康來說很重要。藉由健身，可以防止肌肉和骨骼退化，並且保持身材健壯。任務時間越長，這一點越重要。

當然，太空人還有一點空閒時間，可以吃飯、照顧個人清潔衛生、放鬆，以及與家人朋友簡短通訊。

以國際太空站為家

小便尿到吸塵器裡

是的，沒錯，太空人小便尿到……吸塵器裡。差不多是這樣。在失重狀態下，任何東西都會四處飄，上廁所可非簡單任務，幸好太空人可以運用一些技巧來應付解放的問題。首要重點是，太空人的雙腳必須用綁帶固定在一定位置。還有，打開抽氣裝置也很重要，這麼一來可以確保排泄物最後會吸入馬桶，而非在國際太空站展開探險。順便一提，大便會被吸入特別為此設計的袋子，這樣就能立刻丟到垃圾裡。

太空人需要喝水、準備食物和洗漱。然而，將水運送到國際太空站是非常昂貴的。水很重，而火箭又特別貴，多載一公斤所需費用極高。太空人還是會出汗和尿尿，其實這些也是水，雖然是髒水，幸好國際太空站上有機器可以把髒水變成乾淨的飲用水。這就是回收的終極形式！

冷凍乾燥的密封食物

太空人不再像最初的太空旅行那樣用管子吃東西。今日，他們的食物受到更多關注，不只食物的成分，還有食物的味道，畢竟太空人停留在太空中的時間很長，用餐不僅是身體攝取一切所需營養的重要管道，也是一種放鬆與享受的形式。

現在的太空食物是冷凍乾燥的密封包裝，所以太空人必須加水才能吃，這樣可以延後餐食的有效期限，對於太空旅行來說格外重要。新補給抵達時，太空人也能拿到來自地球的新鮮水果。每位太空人都可以提出偏好的餐食，還能要求一些額外的食物。想想看巧克力、糖果、甘草糖……。

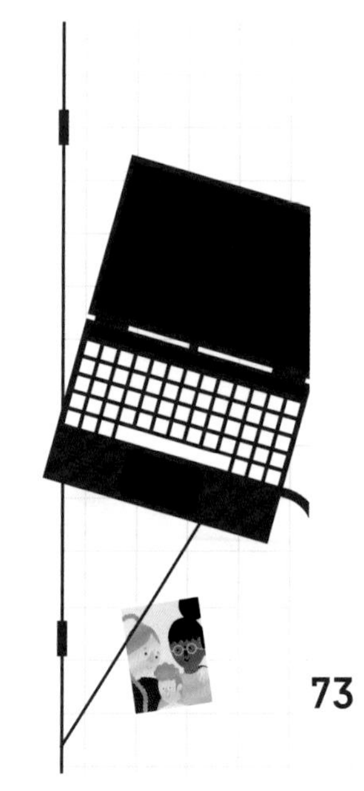

木乃伊式睡法

在失重狀態下，睡覺也不是容易的事。手臂不會好好貼在身旁，而是亂飄到頭上。所以大多數的太空人會自己緊緊裹在睡袋裡，看起來有點像是包覆的木乃伊。這樣的話，身體部位會保持原位，才能睡個好覺。在這裡的優點是太空人可以朝任何方向睡覺，橫睡、直睡或斜睡。

除了手腳會亂飄之外，太空人的睡眠也可能受到晝夜節律混亂的干擾。國際太空站一天繞地球運行16次，也就是說，太空人一天會看到16次日出和日落。在地球上，我們的大腦受陽光刺激，會在早晨喚醒我們，而晚上天黑時，大腦會產生一種物質，讓我們為睡覺做準備。但在太空人身上，這整個程序無法好好運作，導致他們難以入睡，感覺有點像是長途旅行的時差，只是時間拉得很長。

太空漫步

大多數的太空人在停留太空期間，會做一或多次太空漫步。通常是兩名太空人進入太空，走到國際太空站外面去進行維護工作，例如，修復缺陷或汰換舊部件，這時，太空漫步可能是必要的。一趟太空漫步往往花上數小時的時間，非常累人又危險。太空人必須小心翼翼，且在太空漫步期間，穿著太空服保護自己。

返回地球

煞車！

太空船返回大氣層時，必須在數分鐘內將時速28,000公里減至0公里。這可不是一件小事！幸好大自然在此刻伸出援手。太空船返回大氣層時，越來越多的空氣粒子與之碰撞，使太空船慢下來。由於空氣粒子的摩擦，太空船的外部變得非常熱，溫度高達攝氏2750度，接著空氣粒子開始發白熱光。為了避免太空船受到熱度影響，太空船會有隔熱罩保護，確保太空人的所在空間不會過熱。

著陸，有時是追蹤搜尋

雖然著陸的準備已經盡量精確，但確切的著陸位置還是可能與預估不同，差距從幾公里到數百公里不等，視著陸情形而定。救援隊必須盡快抵達太空人身旁，確保他們平安無虞，並且提供醫療援助。準備的方法是預先沙盤演練各種不同的情況，確認在不同地點都備妥救援隊。有時各地點之間的距離可達500公里，甚至大於高400公里的國際太空站。救援隊會自動接收到確切降落地點的信號，因此能夠盡快抵達現場。

用降落傘軟著陸

大氣層已經大幅減緩太空船的速度，但並非完完全全減少。最後通常會使用降落傘等物，讓太空船在海中或陸地上軟著陸。太空梭擁有機翼，可以像滑翔機一樣著陸，另外它也有小型降落傘，但只用於著陸跑道上的快速減速。

歡迎委員會

太空人返回地球時，有整個團隊準備接應他們，相當於一個歡迎委員會！這麼大的陣仗是有必要的，因為太空人長期履行太空任務之後，健康往往不在最佳狀況。例如，由於長期處於失重狀態，肌肉與骨骼不夠強壯，導致他們行走可能有困難。最重要的是，他們還可能遭遇所謂的「直立姿勢耐受不良」（Orthostatic Intolerance），意思是心臟無法輸送足夠的血液到頭部。有時太快起床的時候，也可能會有類似情況。太空人之所以這樣，原因也是失重，失重的影響幾乎遍布全身肌肉，包括心臟。在極端情況下，太空人甚至會昏倒。他們還可能感到噁心和頭暈，因為大腦與前庭系統都必須重新適應重力。幸好，在返回地球數日或數週後，一切會恢復正常，不過當太空人著陸的時候，有優良的醫療團隊照護絕對是必要的。

你知道嗎？

× **著陸比發射更危險。**發射時總是有備用的B計畫（如逃生火箭），但著陸是沒有備案的。

× **太空人在返回之前，必須檢查座位是否依然合身。**因為在太空中，重力不再壓縮脊柱，所以太空人可能長高達5公分。

× **太空人著陸時會極度享受新鮮空氣。**他們一定想念新鮮空氣很久了。太空人甚至形容那感覺像是可以吃掉空氣一樣。這些人有時候怪怪的！

× **著陸之後，太陽眼鏡可不是多餘的奢侈品。**在太空任務期間，太空人的眼睛不會看到天然陽光，所以可能對陽光特別敏感，戴上太陽眼鏡會有些保護作用。

太空人完成太空任務之後，接下來做什麼？

回家

根據各項不同因素（其國籍、居住地、太空機構或家人居住的地方），太空人即將返回不同地點。例如，美國太空總署的太空人通常會返回美國休士頓，俄羅斯太空人會返回莫斯科星城（Star City），歐洲太空人則會返回位在德國科隆的歐洲太空人中心（EAC）。

繁忙日程

你可能會認為太空人的工作在著陸之後就結束了：經過多年訓練，他們成功完成任務。就這樣，對吧？不，事實上絕非如此。太空任務之後的數日、數週和數個月，太空人依然很忙碌。

他們要做許多醫學檢查，確保健康恢復到最佳狀態，這非常重要。但除了醫學支援和檢驗之外，對於世界各地研究人員的眾多生醫實驗來說，太空人的角色也很重要。他們自然想要了解待過太空之後，人體會發生什麼變化，太空人就是絕佳的白老鼠，而他們也確實會暫時把自己的身體借給科學家研究。

傑出專家

他們要做許多簡報，談論太空任務的過程。透過這種方式，有建設性的面向可以延續到未來的任務中，有問題的部分也能獲得解決。

剛剛回到地球的太空人是真正的太空專家，為未來的太空人提供重要資訊。太空人也會參加電視、廣播、學校、活動或科學研討會的許多訪談與演講，藉以向大眾分享自己的獨特經歷，讓我們這些平凡的地球人也能一窺太空任務奧祕。

最後，他們當然很享受回到家裡的感覺！與思念已久的家人和朋友共度時光，他們也可以再次吃到任何想吃的東西、去看電影、遛遛狗。

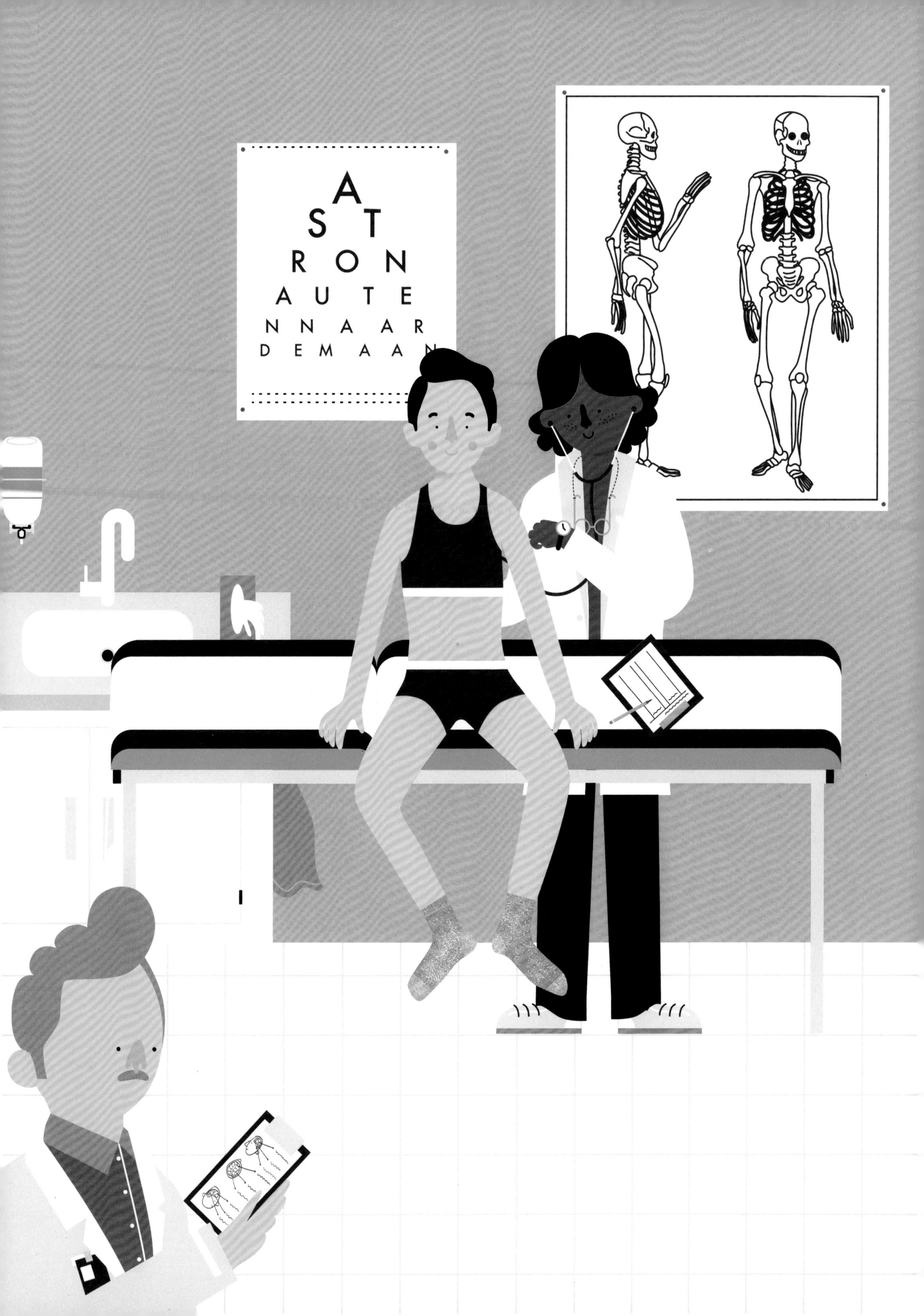
A
S T
R O N
A U T E
N N A A R
D E M A A N

第六章
威脅和保護

對人類健康的危害

人類跟動植物一樣，天生適合生活在地球。一旦太空人離開地球，健康就會發生一些奇怪的事，這些異常並非全都無害。幸好在太空人返回地球一段時間之後，大多數的變化都會自行修復。

精神狀態

太空是危險的環境，加上太空人被「困」在太空中，長時間與家人朋友分離，孤獨可能導致太空人感到不自在，情緒無法永遠保持正向積極。這在長期任務中尤其成為問題。

眼睛

在持續數週以上的長期太空任務期間，太空人可能會產生眼睛方面的問題，如東西看不太清楚。儘管科學家們有各種解釋，但確切原因還不得而知。

心臟

在失重狀態下，心臟必須減低輸送血液的強度。但在太空人返回地球時，這又有可能會導致其他問題，有時候心臟沒辦法輸送足夠的血液到頭部。所以太空人在返回地球的前幾天或前幾週，可能感到頭暈目眩、眼前發黑、眼冒金星等，有時甚至會昏厥。

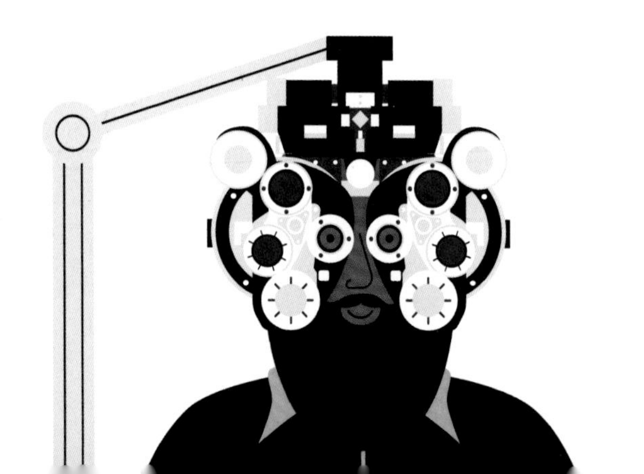

骨骼

由於失重的緣故，太空人的骨骼變得比一般人脆弱，尤其是承受身體大部分重量的腿骨和軀幹骨。由於骨骼更脆弱，太空人更容易發生骨折。所幸這只是暫時的。

輻射

對於各個身體部位和器官而言，高度暴露在宇宙射線（Cosmic Rays）之下也是不好的消息。這種輻射會損害大腦等部位，增加罹癌風險。

大腦

宇宙射線（Cosmic Rays）、睡眠中斷和失重，可能導致太空人的大腦在太空任務期間產生變化，使他們更難進行某些思考活動。幸好大腦因應太空的極端條件，可以調適得相當好。

你知道嗎？

× **國際太空站有怪味。**太空人會形容那裡有非常特殊的氣味：「像醫院一樣」、「機械味」、「電子味」，這些是他們使用的一些詞彙，但實際上那氣味異於地球上的任何東西。

× **太空人吃東西時的味覺減少。**這有兩個原因：第一，嚐味道時鼻子至關重要，但在失重狀態下，溫暖的空氣不會上升，所以氣味較少進入鼻子；第二，食物在嘴中飄浮，也不大會接觸到舌頭上的味蕾。

前庭系統

部分前庭系統會不斷測量重力，確保我們始終能夠分辨上下。在太空中，前庭系統產生混亂，會將其他刺激傳送到大腦。這會導致太空人在抵達國際太空站時感到噁心、頭痛，有時甚至嘔吐——我們稱之為太空病——好比搭公車或長時段乘車時暈車一樣。這種情形在幾天後也會改善。

肌肉

太空人的肌肉在太空中不必應付重力，所以會變得虛弱無力。太空任務的時間越長，肌肉就越虛弱。為了扭轉這種情形，太空人在太空旅行期間必須大量運動，每天運動將近3小時。

流星？

流星看起來有點像是一顆快速移動劃過天際的星星，留下一道美麗的白尾巴，但實際上，它根本不是星星！流星其實是以極快速度來到地球的隕石（Meteorite）。當隕石快速飛越大氣層時，與空氣摩擦，隕石立即燃燒，開始發白熱亮光，產生我們所看見的白色尾巴。有些隕石是彗星的殘餘，也就是飄浮在太空中且繞太陽運行的髒雪球。彗星離太陽太近時，冰會融化，長長的尾巴裡會留下一大片塵埃雲，因此有時飛越塵埃雲，就能看到許多小小的流星。其他隕石則是偶然來到地球的小行星。

最後一類是人造流星。它們是落回地球的衛星，在返回過程中起火燃燒。流星通常無害，但如果太巨大，沒有燃燒殆盡就會撞到地球，可能會很危險。幸好這只是偶爾發生。

如果看到流星，可以許個願喔！

你知道嗎？

× **每年8月中旬都有三個夜晚可以看到大量流星。**這個現象稱為「英仙座流星雨」（Perseids），其實是斯威夫特塔特爾（Swift-Tuttle）彗星留下的塵埃雲。午夜躺在花園裡一個小時，就能看見多達80顆流星。開始來寫許願清單吧！

× **過去人們認為流星是神聖的，是來自天堂的訊息。**以前人們不認識隕石，所以不知道流星從何而來。他們不明白的東西，就認定是來自天神。

來自太空的威脅

小行星是繞太陽運行的岩石碎片，主要位於火星和木星之間的軌道上。這些石頭有數十億顆，有的小如沙粒，有的非常巨大。在小行星帶中，甚至有一顆矮行星比月球還大。小行星（Asteroid）的字源為「Aster」，意指恆星（Star）。人們曾經認為它們是小顆恆星。小行星有時又稱為微型行星（Planetoid）。

大小不一的小行星

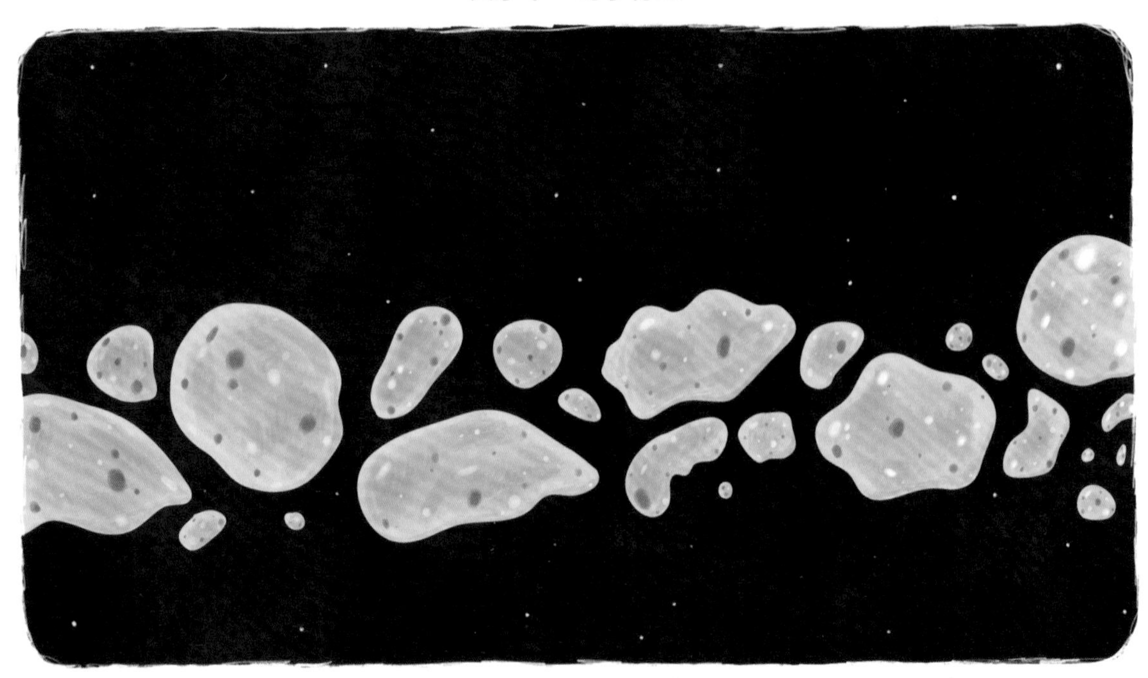

這些岩石偶爾會相互碰撞，飛往不同方向。通常它們最後會進入繞太陽的另一軌道，但有時最後進入飛向地球的軌道。如果小行星進入地球的大氣層，就被稱為流星體（Meteoroid）。一顆體積小的小行星在大氣層中會完全燃燒殆盡，但一顆體積大的小行星可能抵達地球表面，這時我們稱之為隕石，但這只是非常偶然的。最戲劇性的事件發生大約6600萬年前。一顆大如城市（橫寬約10公里）的岩石撞擊地球，徹底改變地球上的生活。

撞擊引發大地震、火山爆發和洪水。大量灰塵拋到空中，擋住陽光。地球上的氣候巨變，導致所有大型動植物滅絕，也是地球上恐龍時代的終結。

衛星和小行星之間的碰撞

幸好如此戲劇性的事件極少發生。不過，總有一天，另一顆巨大岩石有可能會再次落到地球。所幸我們人類比恐龍聰明，我們開發出能夠保護自己的火箭和衛星。人們正在思考保護地球的最佳方式，即將送一顆衛星進入太空進行測試。它會用力撞上一顆無害的小行星，有點像是把乒乓球狠狠丟在保齡球上。你幾乎看不見它，但保齡球會稍微往旁邊移動。同樣的做法用在距離地球還很遙遠的小行星上，我們就能稍微改變它的飛行軌道，讓它不會撞到地球，只是近距離飛過。

你知道嗎？

× **隕石偶爾會落入周圍地區。** 2017年，一顆小隕石在阿姆斯特丹近郊墜落。當時，在荷蘭和比利時都有人回報看見天空中的火球。

× **從來沒有人死於隕石。** 儘管岩石碎片持續從太空墜落地球，但從來沒有人因此死亡。

× **許多好萊塢電影與隕石有關。** 觀賞這些電影很有趣，但別讓它們嚇到你！

太空垃圾

過去70年間，我們向太空發射了近5000顆衛星，目前約有2000顆衛星仍在運作，其他多數已經壞掉。這意味著有很多太空垃圾（Space Waste）飄浮在我們的頭頂。

雖然極少發生，但有時候這些太空垃圾會相撞。想像一下，有5000輛汽車在地球上交錯疾駛，不需要等很久就會發生碰撞。然而，在太空中，碰撞發生時的時速為28,000公里！如此碰撞之下，殘存的不是兩顆壞掉的衛星，而是成千上萬四處飛散的衛星碎片。若這些碎片再與其他衛星相撞，更提高了運作中衛星被擊中與發生故障的可能性。

首度大型碰撞發生在2009年2月10日。一顆仍在運作的美國銥衛星（Iridium Satellite）與一顆舊的俄羅斯軍用衛星相撞，碰撞產生出數千片太空垃圾，有的碎片大於10公分，還有更多小碎片。直到今日，這些碎片依然對其他衛星造成問題。

有時候，碰撞並非意外。例如，2007年中國發射一枚火箭，故意讓火箭撞上一顆舊的中國氣象衛星。這次碰撞也產生數千片太空垃圾。實際上，它是一項軍用火箭的試驗，向世界展示中國擁有足以摧毀衛星的火箭。

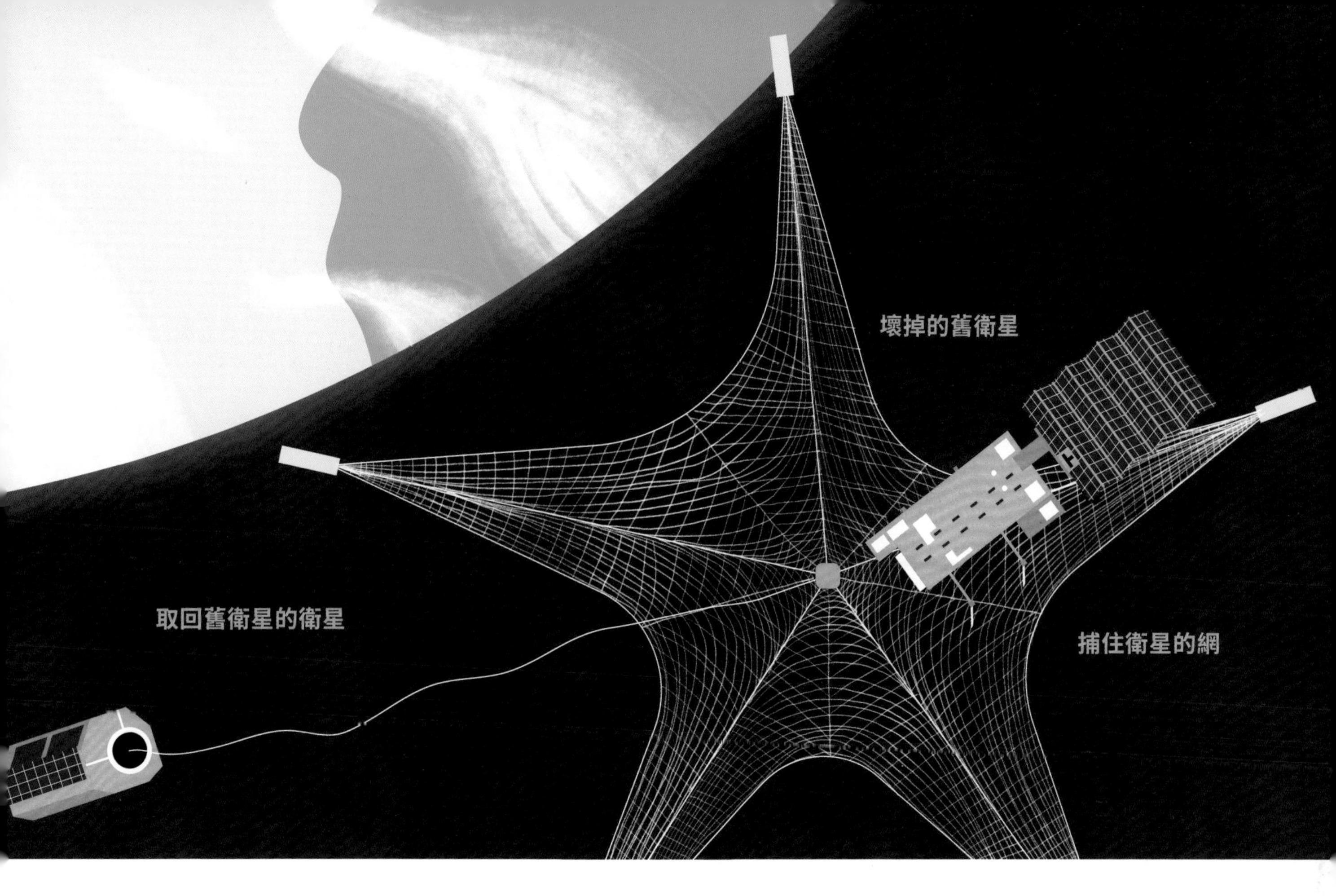

全世界都在思考如何解決太空垃圾的問題，但沒有容易的解決方案。壞掉的衛星肯定會自己慢慢落回地球，但通常要花上數十年，甚至數百年！所以用另一顆衛星把舊衛星取回是更加可靠的方式。目前正在研究是否可以用網子，或者甚至魚叉來捕住衛星。無論如何，取回一顆舊衛星都所費不貲。

不過，現在制定了一些新規定。過去無需考量衛星完成工作後如何處置，但現在每個人都必須確保舊衛星在25年內返回地球，這樣才不會增添大量垃圾。

你知道嗎？

× **國際太空站即將報廢。**因目前，國際太空站的「使用期限」訂在2024年，之後必須決定是否能夠繼續使用，或者必須讓它墜回地球。

× **有一處衛星墳場。**在非洲和大洋洲之間的海域，有一處許多衛星墜毀的地方，甚至還有一個大型的俄羅斯太空站。由於鄰近區域杳無人煙，船舶罕至，所以刻意讓衛星在此墜毀。

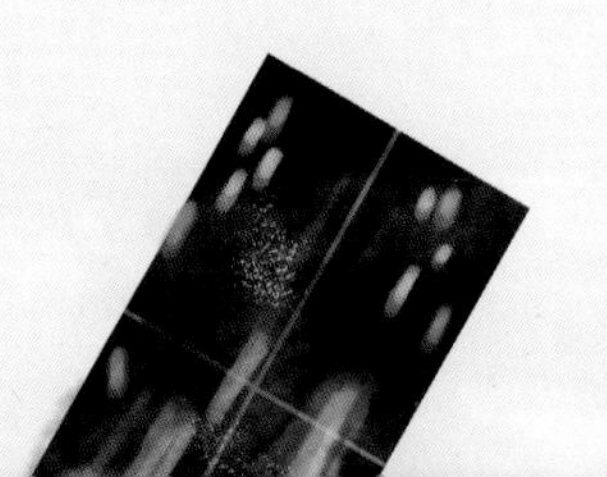

第七章

在月球居住，去火星旅行

探訪太陽與其他行星

人類探訪的足跡不曾超越月球。不過，許多無人衛星被送往太空深處，用相機拍下其他行星的照片，再把美麗的照片傳回來。

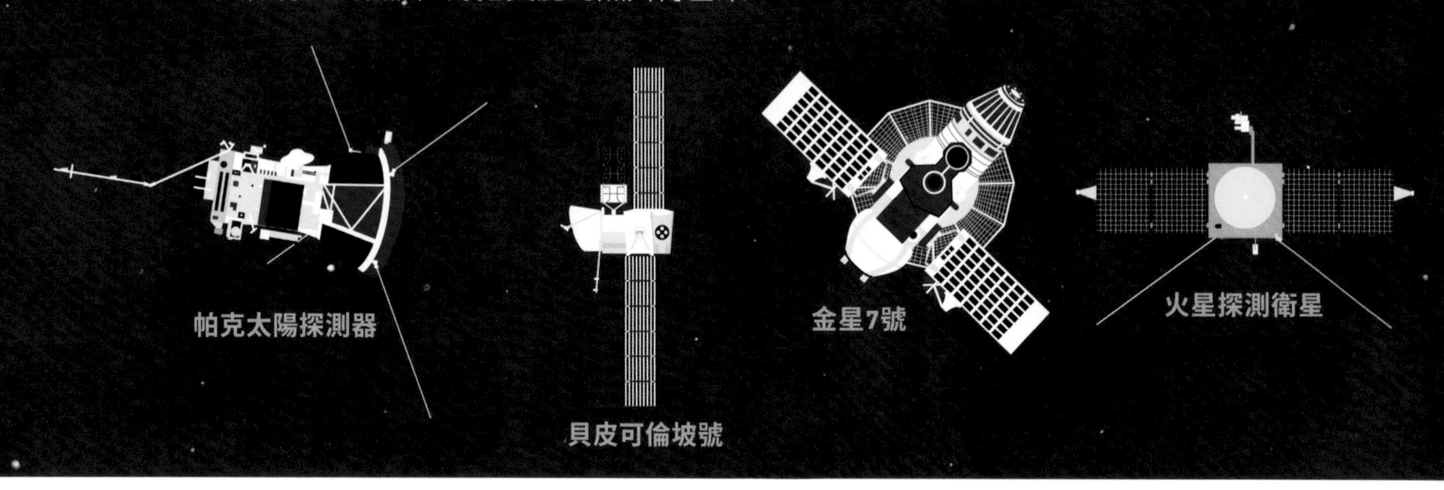

太陽

觀測太陽的衛星很多，因為這對了解太空天氣非常重要。但要真正靠近太陽是格外困難的，因為會變得非常熱！不過，美國的太空探測器——帕克太陽探測器（Parker Solar Probe），現在正在近距離觀測太陽。

水星

2004年，細部研究水星的太空探測器——信使號（Messenger）發射，2015年決定讓它墜毀。最近新啟動的歐洲－日本任務：貝皮可倫坡號（BepiColombo）已經發射。經過七年多的旅程，它將在2025年抵達水星。

金星

金星離我們非常近，大約150天就到得了，所以金星是第一個太空飛行器登陸的行星：1970年12月15日的俄羅斯太空船金星7號（Venera 7）。後來，曾有幾個登陸器和衛星——它們持續繞著金星運行，沒有著陸——造訪金星。

火星

火星也很快就能抵達，只要飛行6至8個月。火星是極度引人關注的行星，因為星球上可能存在液態水——這意味著火星上可能曾有生命存在。目前已有6顆火星探測衛星（Mars Orbiter Satellite），3顆美國衛星、2顆歐洲衛星和1顆印度衛星。

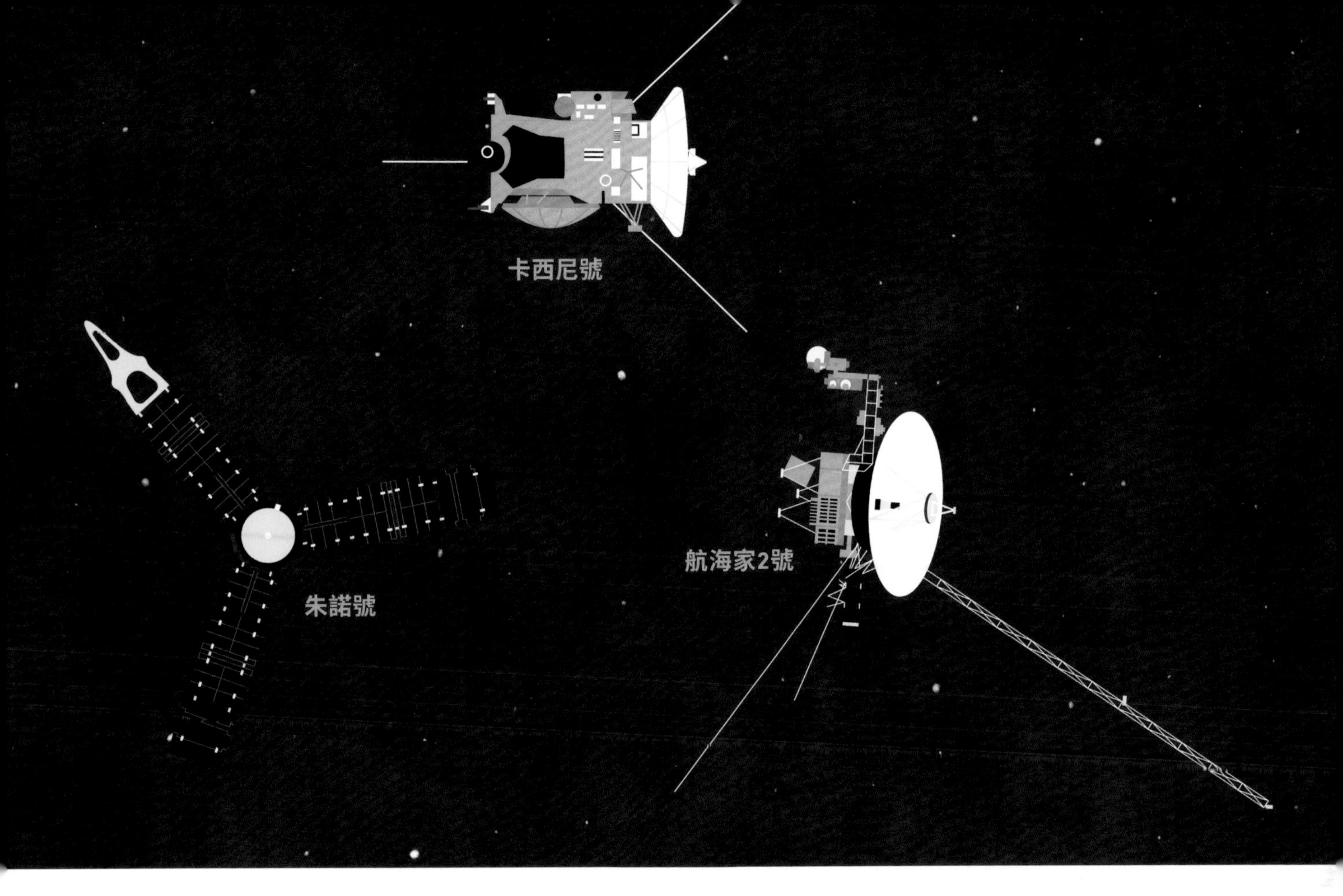

木星

許多太空探測器，如航海家1號和2號，雖然以更遙遠的地方為目的地，卻都曾在途中飛經木星並短暫造訪。貼近木星飛行可以讓太空探測器獲得附加速度，這種加速方式稱為重力彈弓效應（Gravitational Slingshot）。自2016年以來，衛星朱諾號（Juno）持續繞木星運行，傳回壯闊動人的照片。當初朱諾號歷經5年的旅程才抵達木星。

土星

航海者1號和2號也曾造訪土星。1997年，卡西尼惠更斯號（Cassini-Huygens）發射，在2004年抵達土星。2005年，小型登陸器惠更斯號降落在土星的衛星土衛六泰坦（Titan）上。直到2017年，卡西尼號為土星、土星環和土星的眾多衛星拍下一張張不可思議的照片。探測器的最後任務是數度俯衝土星環與行星之間，俯衝過程令人驚心動魄，任務之後，探測器最終按計畫墜毀。

天王星和海王星

天王星和海王星離地球非常遠，要花很長的時間才到得了。目前只有航海家2號（Voyager 2）曾經經過這兩顆行星，目前尚無繞這兩顆行星運行的觀測衛星。

你知道嗎？
太空探測器是航越太空的太空船，但不繞行星運行。如果太空探測器在長程航行過後，最終抵達一顆行星，並且開始繞行星運行，它就成為該行星的衛星。

探索星系

羅塞塔號

羅塞塔號是有史以來最大膽的任務之一。這項歐洲任務的目標是近距離研究彗星。太空船發射於2004年，10年之後才抵達67號週期彗星（Comet 67P）。在這段漫長旅程中，衛星有時距離太陽太過遙遠，導致太陽電池板無法產生充足電力。這時衛星就會進入休眠狀態，數月後再由「鬧鐘」重新啟動。

羅塞塔號在2014年8月6日抵達彗星時，彗星竟然變成一個非常特殊的形狀：看起來像一隻橡皮鴨，真是個驚喜！科學家們認為，這顆彗星其實是由兩顆彗星碰撞形成，然後黏在一起，才會有這麼奇怪的形狀。

任務的重頭戲是菲萊（Philae）的著陸。菲萊是羅塞塔號帶到彗星上的小型登陸器，彗星的直徑只有4公里，菲萊要在彗星上著陸是非常困難的。菲萊著陸後並未保持穩定，翻滾撞擊彗星多次後，最終落入兩塊岩石之間的幽暗裂縫中。由於得不到任何太陽能， 在57個小時後電池耗盡。儘管如此，菲萊還是收集了極為重要的資料，協助科學家取得許多新發現。

你知道嗎？

×**羅塞塔號在10年的旅程期間，飛行里程約為64億公里，它曾三度飛掠地球，一度飛掠火星。**這讓探測器獲得附加速度。

×**67號週期彗星其實又名丘留莫夫－葛拉西門科彗星（Churyumov-Gerasimenko）**。這兩個名字來自從望遠鏡發現該彗星的兩人。

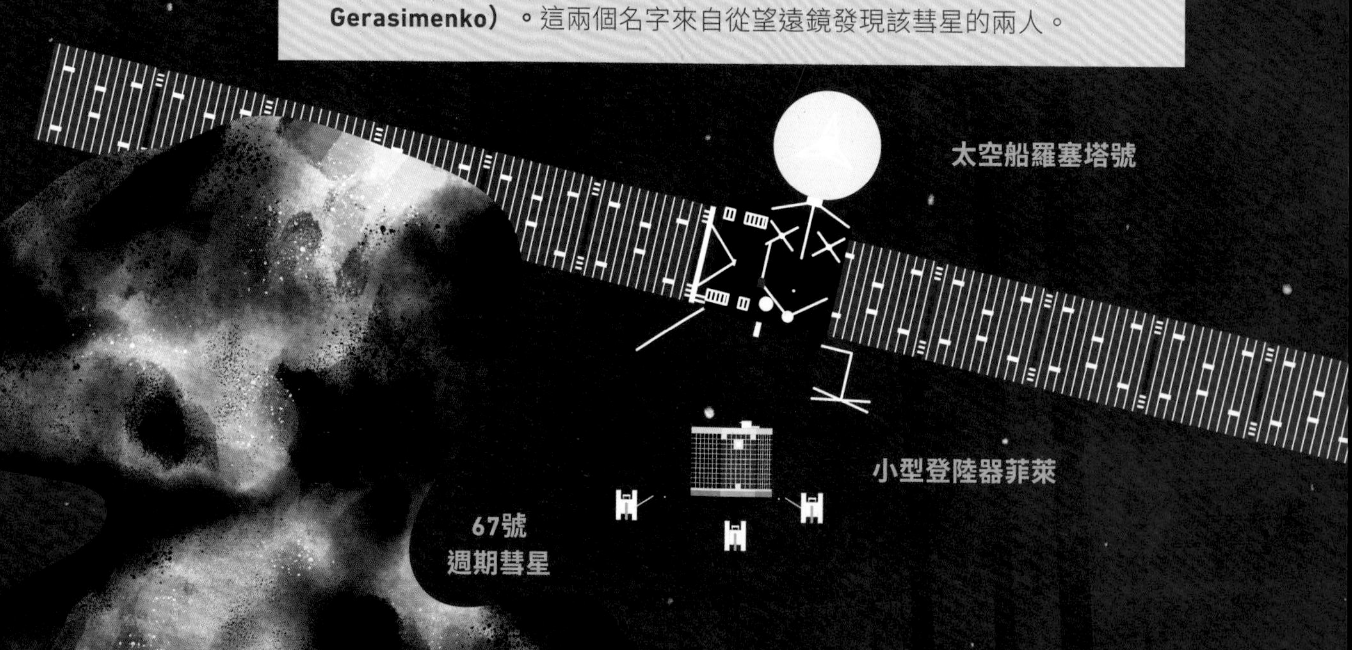

你知道嗎？

× **新視野號（New Horizons）是有史以來速度最快的太空船。**它以時速58,536公里的速度起飛！

× **飛行9年後，任務差點失敗。**在抵達冥王星前一周，太空船出現問題。地球上的駕駛發出錯誤指令，幸好及時解決。

新視野號

天王星和海王星是最遙遠的兩顆行星，更遠的還有矮行星冥王星。2015年7月之前，不曾有太空船接近冥王星，後來才有美國探測器新視野號飛掠。我們從照片中看到的是一個未知的世界，比想像的更精彩得多。例如，冥王星有一個寬達1,000公里的巨大心形白斑，原來那是一大片氮冰。

距離太陽這麼遠的太空船，幾乎接收不到任何陽光，所以無法用太陽電池板來發電。用以替代的是RTG，這是一種從鈽產生電能的發電機，鈽也是地球上核能發電廠使用的燃料。此外，太空船還有一個超大型的衛星天線，能將美麗照片傳送過來。這些照片的傳輸距離是47億公里！大約需要4小時25分鐘，照片才能傳送到地球。

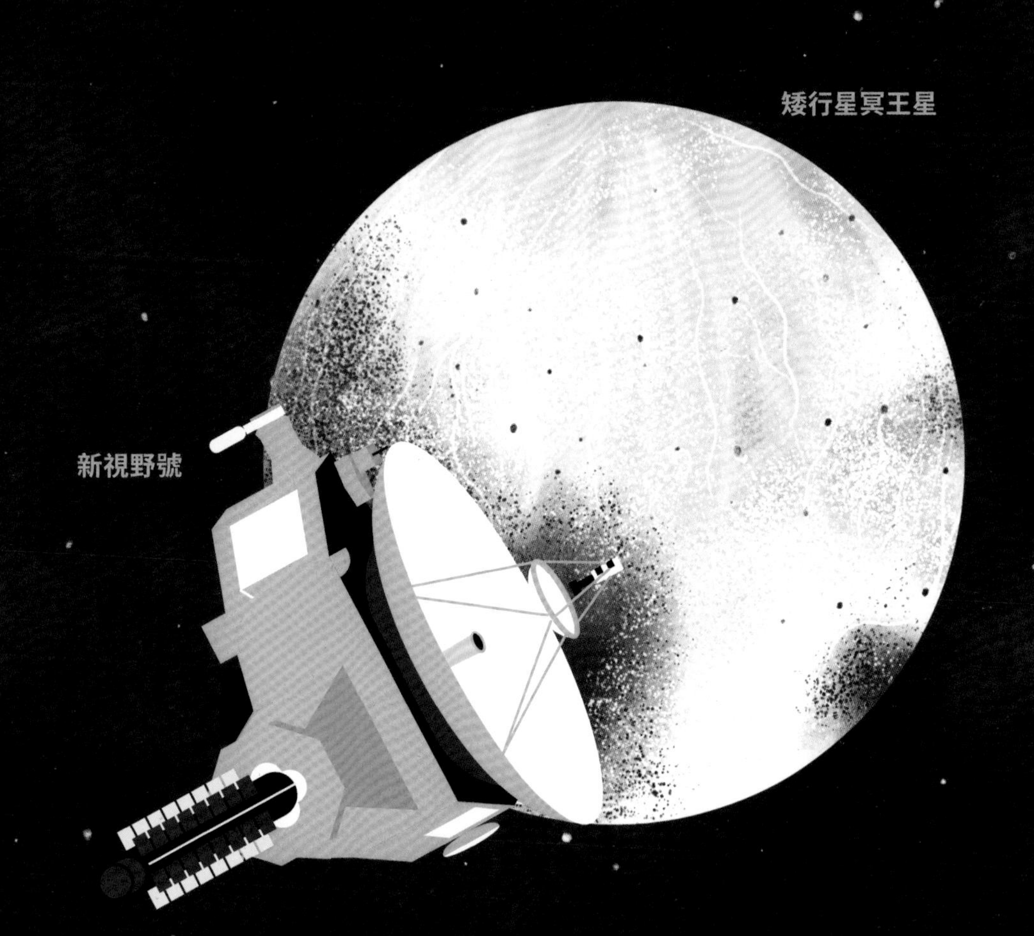

前往火星的太空旅行

地球和火星

地球繞太陽運行，火星也繞太陽運行，但它們不是一起繞著轉的。有時火星很遠，在太陽的另一側，如下圖所示。但每2年（更精確來說是每26個月）火星和地球會在同一側，彼此更為接近。所以，你可以每2年去火星旅行一趟，一趟旅程要花上約6個月。

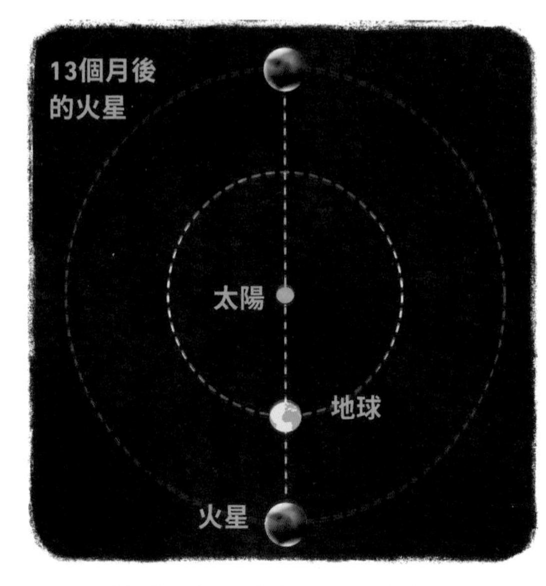

地球和火星繞太陽運行的軌道

無人太空船，為人類的到來做準備

送人上火星是異常艱鉅的任務！為了做好準備，無人衛星和登陸器經常被送到火星附近，由它們勘測出火星地圖，繞火星運行時測量，有時也會觀測火星表面。某些登陸器甚至會鑽探岩石，進行研究。一切都是為了更加了解火星，為人類有朝一日上火星做準備。接下來的一大步是將太空探測器送上火星，讓它著陸，收集火星土壤，然後帶回地球。許多科學家都非常渴望研究真正的火星土壤。

與地球談話

由於地球和火星之間距離遙遠，訊號需要一段時間才能抵達。假設要從火星打電話回家，你必須等待6至44分鐘才能得到回覆。等待時間的長短取決於地球和火星之間的確切距離：距離越遠，等待的時間越長。這樣的對話真不容易！

地球　　6至44分鐘等待回覆　　火星

這不是享樂型旅行

送人前往火星可不是鬧著玩的。太空人必須考量到許多不愉快的事。像是要很長一段時間離開朋友、家人和地球；在前往火星的長途旅程中，沒有太多事可以做，會感到無聊；而且非常不幸地，旅程中無法進行「戶外」活動，因為他們不能離開太空船；還必須與其他五個人一起工作，其中可能有他們不那麼喜歡的人，或意見不同的人。這些都會對太空人的心情（Mood）產生重大影響，也可能導致組員爭吵，所以太空機構正在測試這一類的環境，如對南極洲上的人進行研究或在地球上模擬火星任務。

重力

火星之旅期間，太空人也會受到各種重力變化的影響。他們離開具有重力的地球，在前往火星的旅程中，將會經歷失重狀態，骨骼和肌肉等力量變弱。抵達火星時，他們必須適應約是地球1/3的重力。回程中，又必須應付失重狀態幾個月，才能再度踏上「正常」重力的地球。這樣的變化真的會大幅擾亂人體，目前科學家還無法完全知道該如何應付這項困境。一個不錯的選擇是人為產生重力，例如，搭乘旋轉太空船旅行，但這方法昂貴且製造不易；或者在太空船上使用某種人體離心機。

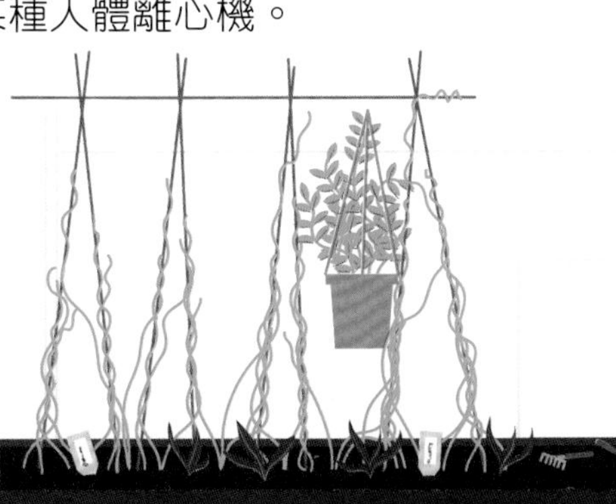

你知道嗎？

× **火星周圍的空氣有一點點氧氣。**不過氧氣量非常稀薄，你必須呼吸14,500次，才能吸入在地球上吸氣一次的氧氣量。

× **很久以前在火星上曾經有液態水。**已發現乾涸的河流和湖泊，所以火星上可能曾有生命存在。

火星上的飲食與生活

以下只是可能問題的幾個例子，實際的問題只會更多。先想想食物，為火星之旅準備的食物當然要營養豐富，而且保存期限要長，食物不能太重，調理也不應該使用太多的水；我們無法提供太空人無限量的食物，所以他們必須自行種菜充飢。水則是另一個問題。目前只在火星的兩極發現了冰，但沒有流水。然而，水是至關重要的，所以必須找到解決方案。

另外一個事實是，火星是極度嚴寒的行星：平均攝氏零下60度，並非人們偏好的溫度。此外，沙塵暴可能在火星上肆虐數月，有時規模甚至大於地球上的一個洲……若是太空人最終陷入沙塵暴中，那是非常危險的。除了視線不明之外，陽光不足也可能導致太陽電池板無法產生太陽能，因為當時陽光太少。若沙塵暴持續數月，太空人可能會遇到嚴重麻煩。

火星登陸器

登陸火星極度困難

火星周圍的空氣遠比地球周圍的空氣稀薄，稀薄程度達100倍，所以在火星著陸格外困難。如你所知，空氣會在太空船返回時產生大量摩擦，空氣越多，摩擦力越大，太空船減速越快。然而火星上空氣稀少，所以太空船只會稍微減速。為了加快減速，甚至得用上大型降落傘和制動火箭（Retrorocket），這使一切都變得相當複雜。目前只有美國成功讓登陸器在火星著陸，他們已經成功7次！俄羅斯和歐洲都曾經多次嘗試，但每次都失敗。最引人注目的一次著陸是2011年好奇號（Curiosity）登陸器的著陸，請參看下方圖示。

你知道嗎？

× **建造探測車（Rover）登陸火星要耗費巨資。**好奇號探測車總共耗資22億歐元！

× **1997年，小型的旅居者號（Sojourner）探測車以非常特別的方式著陸。**探測車被包覆在充氣的大氣墊裡，如同汽車的安全氣囊。氣墊吸收著陸的衝擊，探測車彈跳數次，直到停下來之後，氣墊分離，探測車才得以啟程。

漫遊其他世界

在前3次登月期間，太空人行走在月球上。由於必須邊走邊做所有事，他們無法走遠，只在登陸器附近漫步。然在第4次、第5次和第6次（也是最後一次）登月時，太空人皆帶著一台可以駕駛的探測車。這讓他們得以在離著陸點更遠的地方進行偵察，收集更多有趣的月球土壤。

多年後，火星登陸器也配有輪子。在火星上，一開始會先探勘近距離，後來就可以探勘遠距離的地區。例如，自2004年以來一直在火星上的探測車機會號（Opportunity），駕駛在火星上的總距離已經超過馬拉松的里程。這是探測車的世界紀錄，不，應該說是「外星紀錄」。遺憾的是，機會號在歷時14多年後，遇上一場在火星上肆虐數月的巨大沙塵暴而毀壞。

鑽探與測量

2018年11月，有一個特別的東西登陸火星。當時，美國太空總署送上火星的不是探測車，而是一台無輪登陸器：洞察號任務（InSight Mission）。這台登陸器永遠停駐在火星同一地點，目的是研究星球內部。例如，它有測量火星地震（類似地球的地震）的測量儀，也有可以鑽入火星土壤5公尺深的鑽頭，輔助收集各種資料。

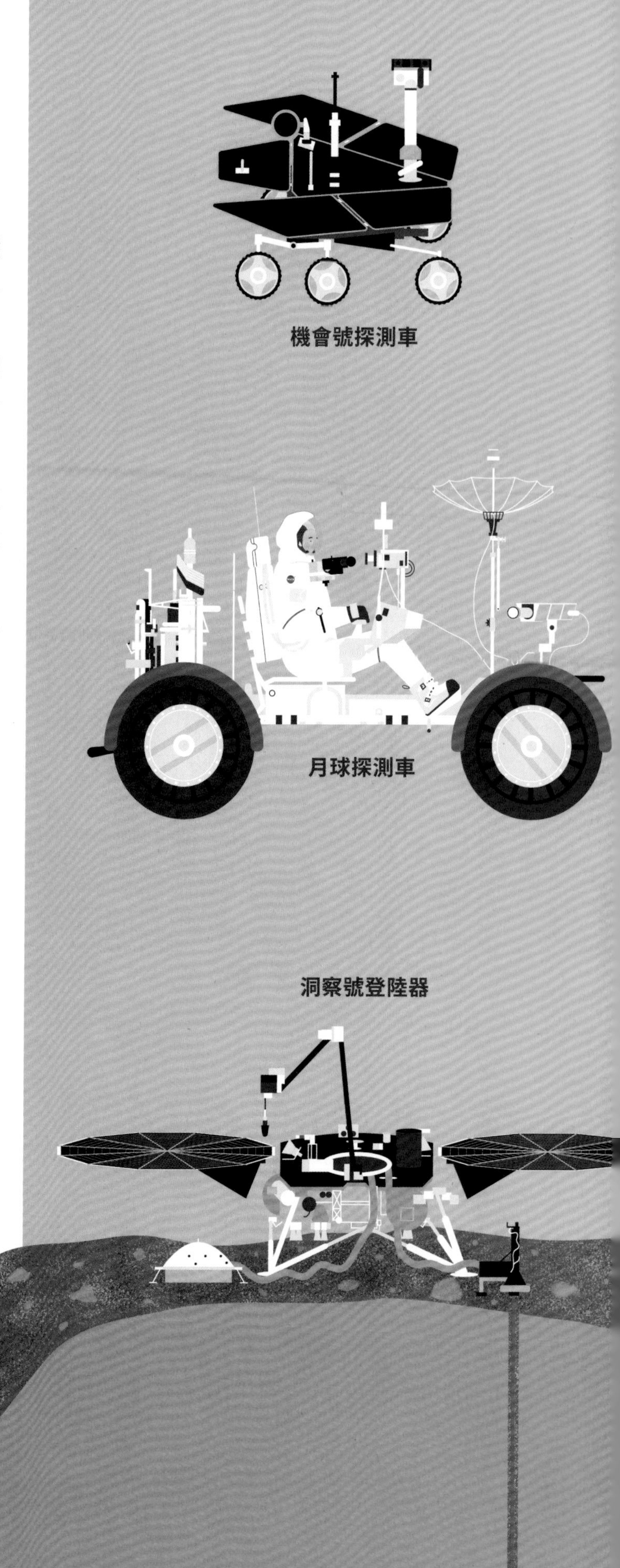

與月亮重逢

從地球跳到火星的距離特別大，將太空人送往火星是一項艱鉅任務。因此有的計畫則是將月球做為中繼站。大約50年前，總計有12個人曾經登月待過數日，但從此以後就再也無人重返，甚至不曾有任何女性登上月球！

繞月球轉的太空站

邁向月球的第一步，是建造一個繞月球運行、而非繞地球運行的太空站。太空站的設計已經擺在桌上，世界多國正在如火如荼地進行規劃。美國與歐洲也合作開發獵戶座太空艙（Orion），該太空艙將可載人往返這個繞月球轉的太空站。

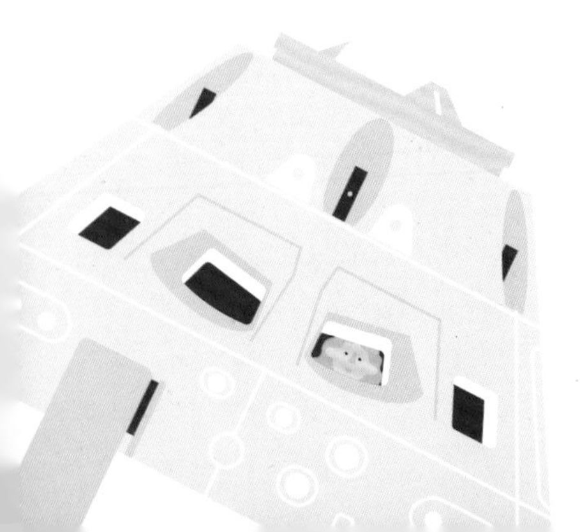

月球基地

第二步是在月球上建立真正的主基地（Home Base）。正確選址是很重要的。最佳地點之一是在月球的南極，那裡有彗星或小行星碰撞形成的隕石坑。在這些隕石坑的最底部，太陽不曾照入，存在的冰水可以融化並過濾成飲用水。對於這樣的基地，冰格外重要，因為人類生存絕對需要大量的水。在隕石坑邊緣，有些地方太陽從不下山，稱之為「永晝峰」。在太陽電池板的輔助下，供電可望充足無虞。

月球是通往火星的跳板

有了繞月球運行的太空站和月球基地，我們就可以練習跳往火星。順便一提，如果從月球出發，跳的力道會小很多！月球的重力比地球小得多，所以比起從地球發射的火箭，從月球起飛的火箭不必那麼強大。如此一來，月球真正成為前往火星的跳板。

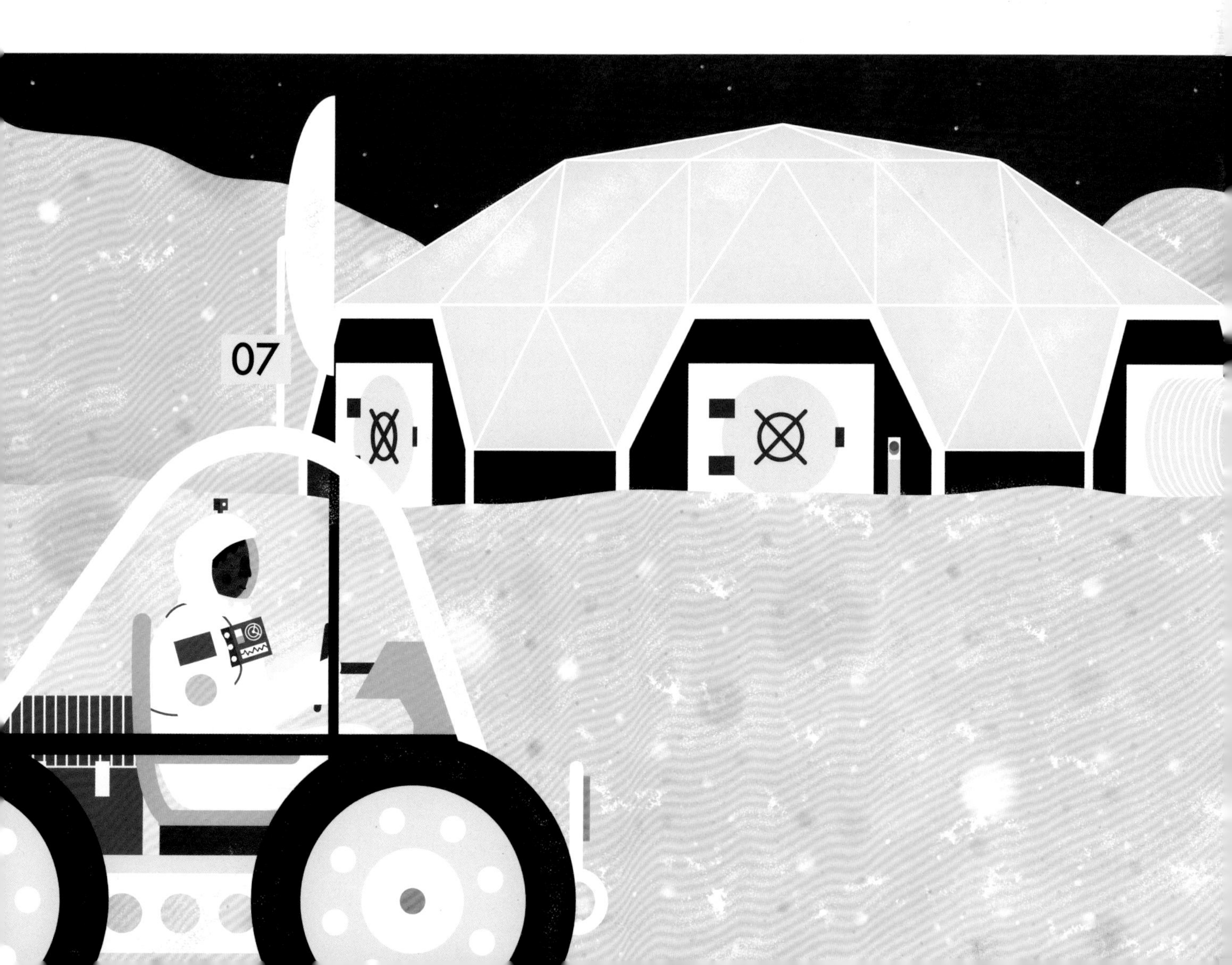

在未來和遙遠的未來

巨型星座（Mega-Constellation）

由於衛星和火箭逐漸變便宜，現在有越來越多公司認為他們可以透過太空旅行賺錢。例如，谷歌（Google）、臉書（Facebook）和太空探索技術公司（SpaceX）都打算發射數千顆衛星，向目前還沒有網路的地方提供網路服務，如在非洲或南美洲的眾多小村莊，或者在海洋上空的飛機。但必須確保這些新衛星不會導致更多的太空垃圾！

太空旅行

2001年，美國富豪丹尼斯·蒂托成為第一位太空遊客。他支付了2000萬歐元以上的金額！以這個價格，他得以搭乘俄羅斯太空船聯盟號飛往繞地球運行的國際太空站。在體驗失重狀態和欣賞地球美景近8天之後，他安全返回地球。

你知道嗎？

一名日本富豪計畫在不久後與多名藝術家一同繞月飛行。他們將成為第一批飛往月球的太空遊客。目前為止，所有太空遊客都離地球很近。

短暫飛往太空

對於一般人來說，太空飛行依然是過於昂貴的遙遠夢想。不過，目前價格已經急劇下降：現在要支付的費用比蒂托少一百倍！這樣的費用不是繞地球8天，但你可以上太空10分鐘，搭乘火箭或火箭飛機直到進入太空，然後再返回。這被稱為次軌道飛行（Suborbital Flight）。搭乘這種火箭，你可以在30分鐘內從倫敦飛到澳洲，搭乘普通飛機需要22小時。

次軌道飛行

太空電梯

搭乘電梯去太空，是不是比搭乘昂貴火箭更容易？工程師們多年來一直在構思這樣的太空電梯（Space Elevator）。然而，實際製作起來相當困難。該計畫使用從地面延伸而連接到大型衛星的長電纜。機器人沿著電纜上下移動，將人或貨物運送到太空。

無論如何，這項工程需要數十萬公里長的電纜，而且電纜太重，可能會因為自身重量而斷裂。目前實驗室已經製造出夠堅固的電纜，但要製作真正的太空電梯，還得等一段時間。此外，必須格外注意的是電梯要安置在地球上的靜處。強風暴雨可能會迅速摧毀電纜，飛機和衛星也必須保持距離。最後，巨量的太空垃圾也是一個大問題：如果垃圾碎片與電梯猛烈相撞，該怎麼辦？

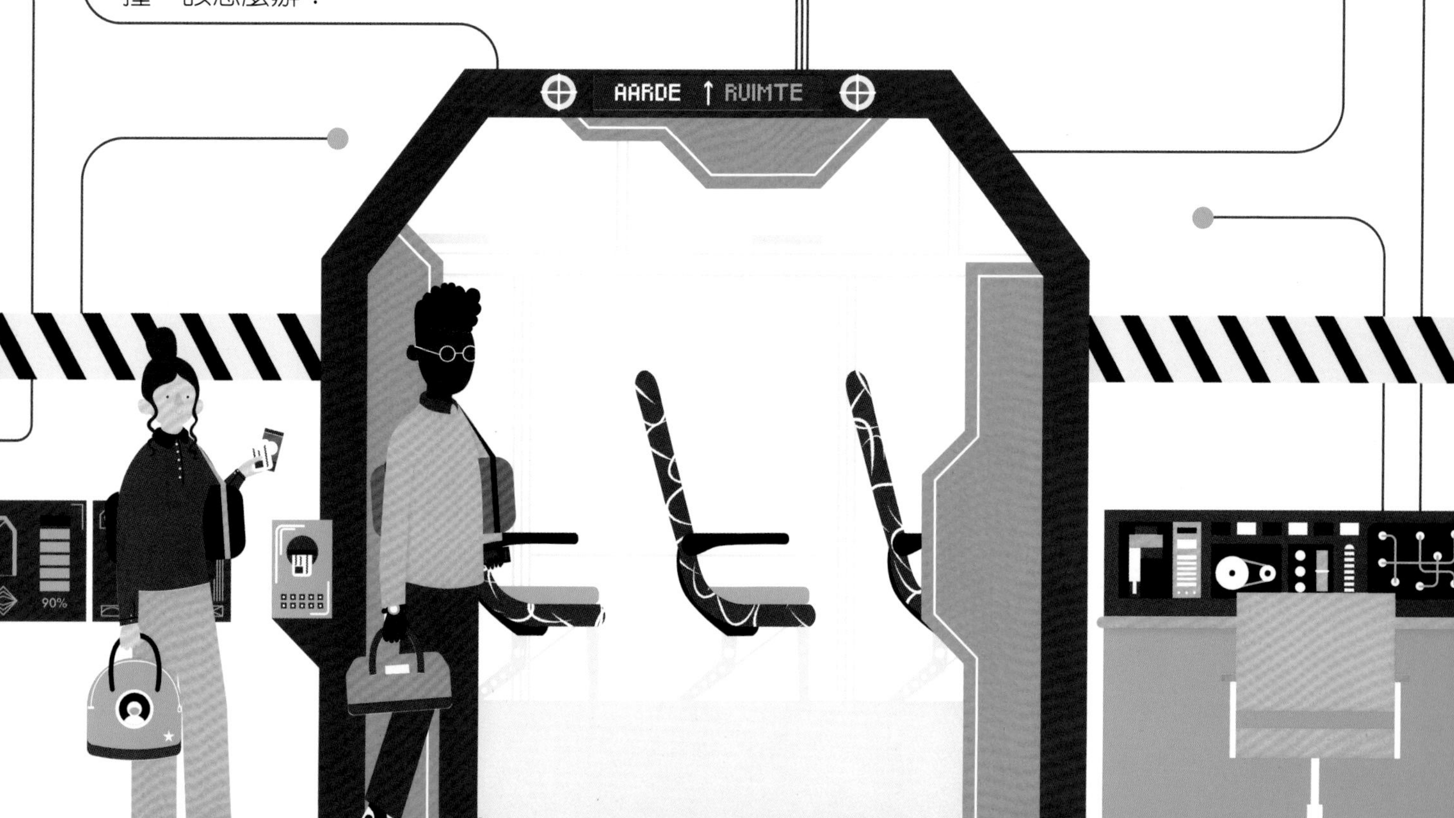

太空人冬眠？

要讓去火星和其他行星的長途旅行更舒適，一種選擇是冬眠！許多動物在寒冬會長時間休眠，比如熊。在冬眠期間，牠們的身體幾乎不會消耗到任何能量，可以長時間不吃東西。

現今研究人員想知道類似冬眠的情形是否可以應用在太空人身上，這樣可以節省高達70%的能量，也可以消除長途太空旅行的諸多不便，減少飲食需求意味著減少垃圾與重量、減少無聊或爭吵的機會……。

在月球或火星上安全生活

太空人離開地球時，也會失去某種程度的天然保護，更容易受到太陽粒子（又稱宇宙射線）的傷害。對於長時間深入太空的太空人來說，這可能是一個重要問題。大量暴露在輻射之下，必須承受各種有害影響的風險。

科學家和工程師紛紛忙著尋找解決辦法，希望讓人類可以安全地探索太陽系。太空衣顯然有阻擋部分輻射的重要作用；增加太空船的外牆厚度，也有保護太空人的良好效果，但當然這有其限制，否則太空船會變得太重。

太空人在月球或火星上居住的基地也可以提供保護。例如，水可以阻擋部分輻射，所以可以在基地周圍建造水護罩。太空人也可以住在月球或火星地表下方的地底綜合設施，他們在那裡不會受到宇宙射線的影響。

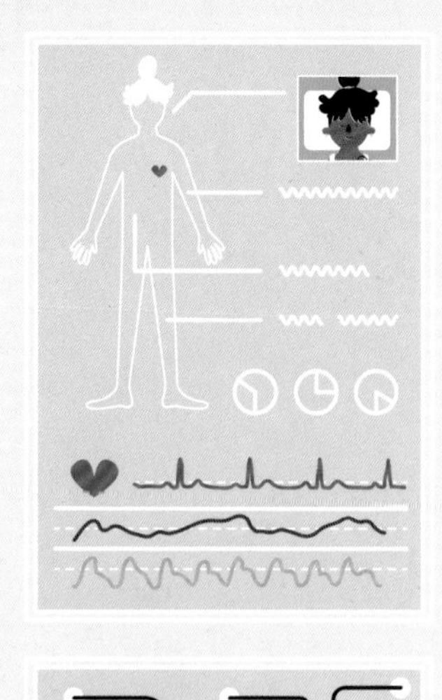

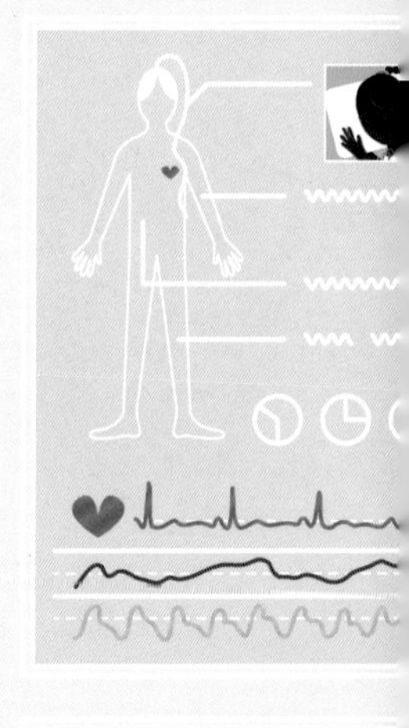

你知道嗎？

今日降低體溫有時會應用在病人身上。一些醫生用以治療歷經嚴重事故而大腦持續受損的病人，讓病人的疼痛減輕，降低感染風險。目前這種狀態只能維持三天，還不夠單程前往火星。

01

02

03

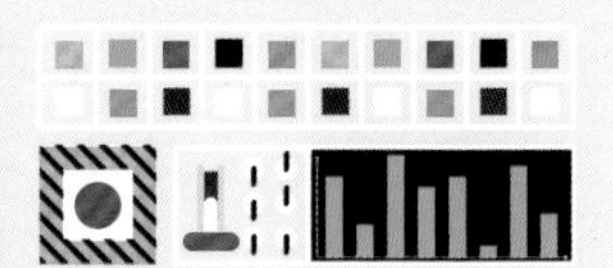

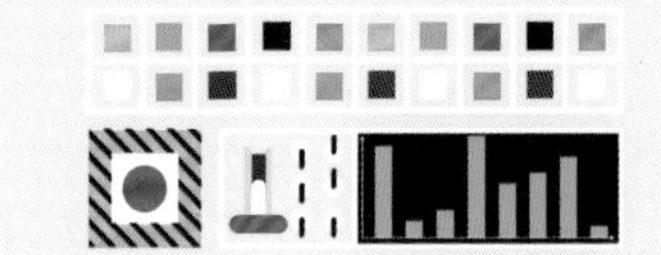

飛向星星！

太空浩瀚無窮。
感謝太空人、火箭和衛星，
我們已經學到很多，而且這只是開始。
我們已經知道存在大量星系，
還有許多恆星、甚至更多的行星。
或許其中一顆行星上有生命存在？
言歸正傳，我們正在準備
返回月球、踏上火星。
有一天，我們可能會一點一滴探索整個太陽系，
逐一造訪每一顆行星。
有待發掘的東西還很多。
當然，我們需要來自世界各地科學家、
工程師和太空人的協助。
你還在等什麼？
展開星際之旅吧！
飛向星星（Ad Astra）！

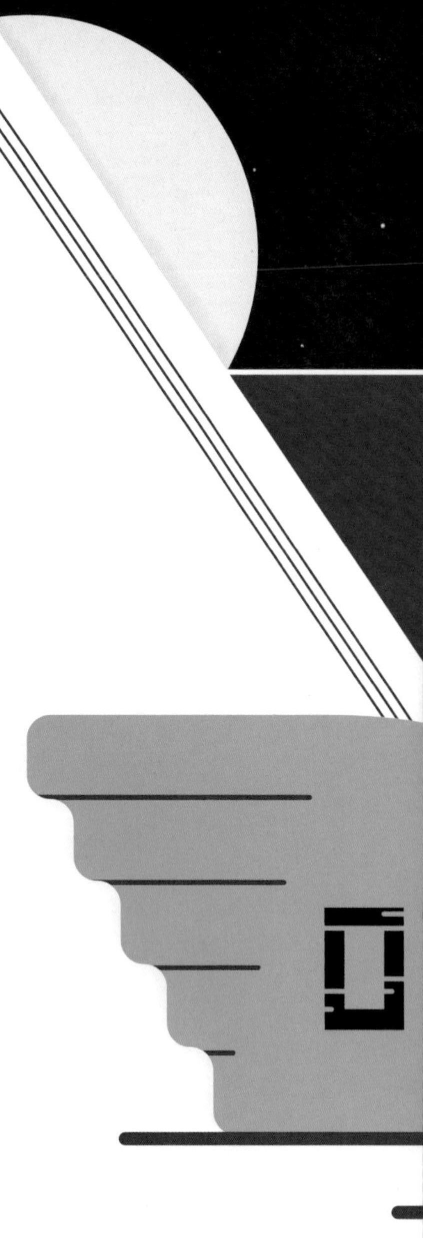

名詞解釋

[Aerodynamics]

空氣動力學：研究空氣粒子如何運動的學問。

[Apollo]

阿波羅：美國航太計畫，目標是讓人類在月球上漫步，並安全重返地球。

[Apsisk]

遠地點：衛星橢圓軌道上距離地球最遠的點。

[Asteroid]

小行星：比行星小得多，同樣圍繞太陽運行的微型天體。大多數的小行星位於火星和木星之間所謂的小行星帶。有時又稱為微型行星(Planetoid)。

[Astronaut]

太空人：曾經或現在在太空中的人，有時又稱為太空旅者。

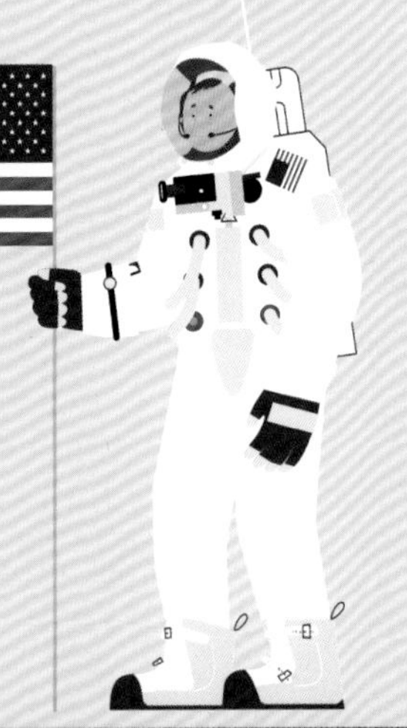

[Atmosphere]

大氣層：圍繞固態天體(如行星或衛星)的氣層，又稱為以太(Ether)。

[Atoms]

原子：物質組成的最小粒子，肉眼無法看見。

[Baikonur Cosmodrome]

貝柯奴太空船發射基地：俄羅斯發射火箭的基地。

[Biomedical research]

生醫研究：關於人類健康和疾病的研究。

[Capsule]

太空艙：圓錐形的太空飛行器，設計以能夠耐受重返地球為考量。

[Centrifuge]

離心機：透過快速轉動，讓人體驗到高於一般重力的超重狀態之設備。

[Chang'e 4]

嫦娥4號：2019年首度登陸月球背面的中國太空飛行器。

[Comet]

彗星：由冰和塵埃構成的小天體，最貼切的形容是髒雪球。

[Corona]

日冕：太陽周圍的熱氣層。溫度可高達攝氏100萬度以上。

[Cosmic Rays]

宇宙射線：從太空高速來到地球的粒子和光。

[Cosmonaut]

俄羅斯太空人：俄羅斯太空旅者。

[Crew]

組員：太空船機上人員。

[Docking Port]

對接口：太空飛行器上的設備，用以與其他太空飛行器對接。

[Erosion]

侵蝕：岩石受到風、雨或水的作用，導致磨蝕或屑粒化。

[Equator]

赤道：處於正與南北兩極等距的假想線，把地球分為北半球和南半球。

[Exosphere]

外氣層：大氣層的最外層。

G

[Galaxy]

星系：眾多恆星和天體的集合。我們所在的星系是銀河系，太陽和地球都是其中一部分。

[Gemini]

雙子星：阿波羅計畫的前身，旨在讓人類繞地球飛行，以及練習送人類上月球所需的技術。

[Gravity]

重力：兩個質量相互施加的吸引力，又稱為萬有引力。

[Gravitational Slingshot]

重力彈弓效應：太空探測器飛行時，藉由靠近移動中的星球，不用發動機就可以減速或加速。

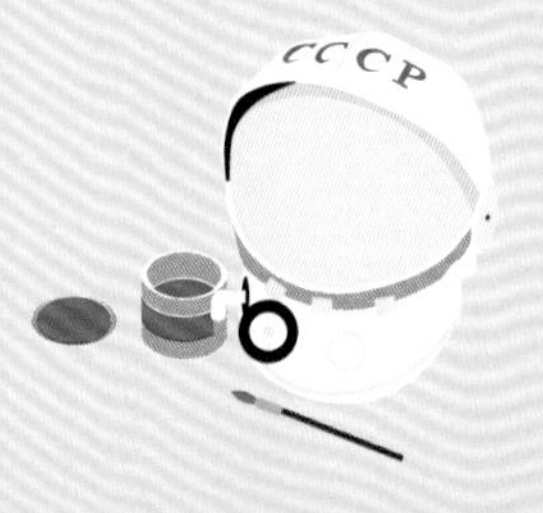

H

[Home Base]

主基地：供太空人未來停留月球或火星的地方，可以從這裡再出發探索。

K

[Karman Line]

卡門線：標示地球與太空邊界的假想線，位在海拔高度100公里。

[Kuiper Belt]

古柏帶：海王星外側區域，裡有數十萬顆岩石，其中包含一些矮行星(Dwarf Planet)，例如，冥王星(Pluto)。

L

[Launch Window]

發射窗期：適合發射火箭至特定軌道的時段。

[Life Support System]

維生系統：確保太空人在太空可以繼續生活的所有設備。

[Luna 3]

月球3號：1959年的俄羅斯無人登月飛行。

M

[Mega-Constellation]

巨型星座：相同或相似衛星的集合。通常數量繁多，有時達數百甚至數千顆。

[Mesosphere]

中氣層：大氣層裡位在平流層和熱氣層之間的氣層，也是太空岩石小碎塊燃燒成為流星的層區。

[Mercury]

水星：水星計畫是美國太空總署的第一個載人航太計畫，目標是將第一批美國太空旅者送入繞地球的軌道。

[Meteorite]

隕石：高速進入大氣層且抵達地球表面的小石塊。

[Meteoroid]

流星體：高速進入大氣層且在抵達地球表面之前燃燒完畢的小石塊。

[Micrometeorite]

微隕石：高速進入大氣層，但未完全燃燒，最終落至地球表面的小石塊。

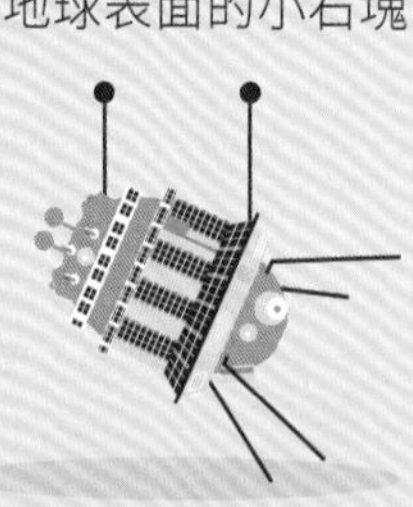

[Module]

艙：太空船的部件。太空船通常由多艙構成，每個艙各有其功能。

[Mood]

心情：人的感受。心情或心理狀態可以是正面的(快樂)或負面的(不悅)。

[Neutral Buoyancy]

中性浮力：如果水中的人或物體排開水的重量和本身重量相等，在任何水深都能「漂浮」，即具有中性浮力。

[Nuclear Fusion]

核融合：兩種元素融合形成更重元素的過程。過程中會釋放大量能量。太陽會發光發熱，就是因為發生核融合，過程中2個氫原子融合成1個氦原子。

[Olympus Mons]

奧林帕斯山：太陽系中的最高山峰，位在火星上。

[Oort Cloud]

歐特雲：甚至比古柏帶更遙遠的區域，那裡有數十億個類似彗星的天體。

[Orthostatic Intolerance]

直立姿勢耐受不良：站立時產生低血壓症狀，可能會頭暈目眩，眼前發黑，有時甚至昏厥。

[Ozone layer]

臭氧層：平流層中存在大量臭氧的層區，可保護地球上的生命免於受到太陽射線的傷害。

[Parabolic Flight]

拋物線飛行：可以暫時體驗失重狀態的機上飛行。

[Perigee]

近地點：遠地點(Apsis)的反義詞，意指在繞地球的軌道上距離地球最近的點。

[Perseids]

英仙座流星雨：斯威夫特－塔特爾彗星留下的塵埃雲。

[Quarantine]

檢疫：隔離。

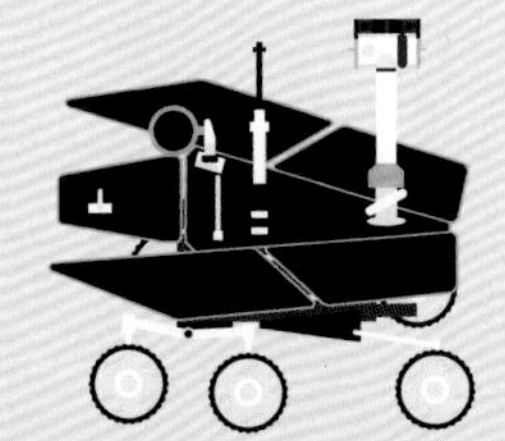

R

[Red Giant]

紅巨星：壽命即將結束的恆星。

[Rover]

探測車：可在其他星球表面移動的車輛。

[Satellite]

衛星：繞行星運行的人造或天然物體。

[Simulation]

模擬：擬現實。

[Solar Telescope]

太陽望遠鏡：附帶濾鏡的特殊望遠鏡，可用來安全地觀測太陽。

[Solar Panel]

太陽電池板：將太陽能轉換成電能的電池板。

[Soyuz]

聯盟號：受廣泛使用的俄羅斯太空船，用以運載太空人前往太空和國際太空站(以及重返地球)。

[Space Agency]

太空機構：主持一國或多國航太計畫的組織。

[Spacecraft]

太空飛行器：前往太空的飛行器。

[Space Elevator]

太空電梯：一種未來進入太空的可能方式。

[Space Probe]

太空探測器：遠離地球，深入探索太空中其他行星或物體的太空船。

[Spaceflight Program]

航太計畫：為達成重要目標而進行的一系列航太專案。

[Space Shuttle]

太空梭：由旁側大型火箭發射的太空飛機，可重複使用。1981至2011年間，美國太空總署的太空人由太空梭載送進入太空。

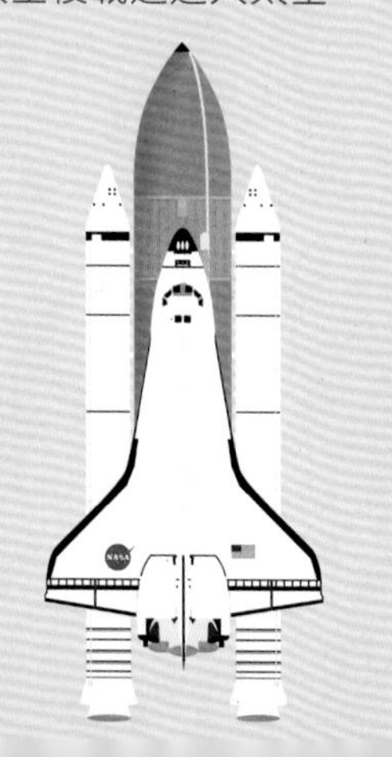

[Space Station]

太空站：有人長期或短期居住的太空船，著名例子是國際太空站(ISS)。

[Space Sickness]

太空病：重力改變時，比如太空旅程期間，太空人可能會感到頭暈或噁心。

[Spacewalk]

太空漫步：太空旅者離開太空船的活動。

[Space Waste]

太空垃圾：太空中不再具任何用途的人造物體，比如壞掉的衛星。

[Stratosphere]

平流層：大氣層裡距離地表12至50公里高，位在對流層和中氣層之間的層區。

[Suborbital Flight]

次軌道飛行：火箭或飛行器直接飛入太空再重返地球，而不是繞著地球飛。

T

[Telescope]

望遠鏡：可以用來觀測其他天體的儀器。

[Theia]

特亞：研究人員只知道它是遠古曾經撞擊地球的行星，月球便是因這次碰撞而產生。

[Thermosphere]

熱氣層：熱氣層是大氣層裡位在中氣層和外氣層之間的氣層。假想的外太空分界線(卡門線)就在這一層。

[Troposphere]

對流層：對流層是大氣層的最低層區，距離地表最高約達12公里。

[V2 Rocket]

V2火箭：德國在第二次世界大戰期間研發的火箭。

[Vacuum]

真空：沒有任何物質或壓力的空間，有時亦稱無氣(Airless)。

[Weightlessness]

失重：當所有作用於物體上的力達成平衡時，物體會處於失重狀態。

作者簡介

安潔莉克·梵·安柏根(Angelique Van Ombergen)
安特衛普大學醫學博士。研究主題為太空人的大腦如何適應太空任務，其研究與科學推廣屢獲多項獎項殊榮。她在歐洲太空總署(ESA)找到夢想的工作。

史丹·艾森(Stijn Ilsen)
航太工程師。一開始在歐洲太空總署(ESA)工作，後來轉至空中巴士公司(Airbus)開發赫雪爾太空望遠鏡。現在任職於比利時奎奈蒂克太空(QinetiQ Space)公司，公司主要業務為普羅巴衛星的設計與開發。

孩子們的航空航太百科全書/安潔莉克·梵·安柏根, 史丹·艾森著；
賴姵瑜譯. -- 初版. -- 臺北市：笛藤出版, 2022.09
面；　公分
譯自：Reis naar de sterren
ISBN 978-957-710-867-8(精裝)
1.CST: 天文學 2.CST: 太空科學 3.CST: 通俗作品
320　　111013375

2022年9月28日　初版第一刷　定價490元

作者	安潔莉克·梵·安柏根、史丹·艾森
繪者	卡婷卡·范德桑德
譯者	賴姵瑜
總編輯	洪季楨
美術編輯	王舒玗
編輯企劃	笛藤出版
發行所	八方出版股份有限公司
發行人	林建仲
地址	台北市中山區長安東路二段171號3樓3室
電話	(02) 2777-3682
傳真	(02) 2777-3672
總經銷	聯合發行股份有限公司
地址	新北市新店區寶橋路235巷6弄6號2樓
電話	(02)2917-8022·(02)2917-8042
製版廠	造極彩色印刷製版股份有限公司
地址	新北市中和區中山路二段380巷7號1樓
電話	(02)2240-0333·(02)2248-3904
郵撥帳戶	八方出版股份有限公司
郵撥帳號	19809050

〈REIS NAAR DE STERREN〉
© 2019, Lannoo Publishers. For the original edition.
Original title: Reis naar de sterren. Over astronauten, raketten en satellieten.
Translated from the Dutch language
www.lannoo.com
The traditional Chinese translation rights arranged with Lannoo Publishers through Rightol Media.
(本書中文繁體版權經由銳拓傳媒旗下小銳取得 E-mail: copyright@rightol.com)
© 2021, Bafun Publishing Co., Ltd. For the Complex Chinese edition.

●本書經合法授權，請勿翻印●
(本書裝訂如有漏印、缺頁、破損，請寄回更換。)